JN112734

確率と哲学

Philosophy and Probability

ティモシー・チルダーズ 著
Timothy Childers

宮部賢志 監訳
芦屋雄高 訳

九夏社

Philosophy and Probability

by Timothy Childers

© Timothy Childers 2013

ダグマル，ラウラ，ルーカスへ

はじめに

　確率は，我々の生活のあらゆる場面に顔を出す。天気予報，科学やその一般向け報告，選挙結果の予想，病気の生存率，先物市場価格，そしてもちろんギャンブル。現代的な生活において確率は非常に重要な役割を果たしており，哲学者が興味を持つのも当然といえる。

　この興味は少々奇妙なものに思えるかもしれない。確率＊は数学の一分野である。数学の議論に哲学者は何を持ち込む必要があるのか？　しかしこれは問題を誤解している。確率の計算はある程度，数学的なものかもしれない。しかしその解釈となると話は別である。哲学は確率の意味を問題にする。いや，おそらくより正確にいえば，確率についての言明の意味を問題にする。また，確率計算は興味深い立ち位置にある。確率の計算そのものは非常によく確立されているが，複数あるその解釈はどれもそうではない。

　いくつか例を挙げよう。「喫煙はあなたががんになるチャンス（chance）を上げる」とはどういう意味なのだろうか？　「広報キャンペーンに大枚をはたくことによって選挙に立候補した人の当選チャンスが上昇した」とはどういう意味なのか？　これら2つのチャンスは同じ種類のチャンスなのだろうか？　これは自明な問題などではない。実際，哲学者たちによって長年にわたり熱心な

＊訳注：本書で出てくる probability は数学の一分野で使われる概念なので，"確率"と訳した。probability には"蓋然性"という訳が当てられる場面があるが，この問題については例えばイアン・ハッキングの『確率の出現』（慶應義塾大学出版会）などを参照してほしい。以下，本書を通じて訳注は本文内に［ ］で記した。

研究が行われてきたが、いまだ一般的な同意は得られていない。この問題に関してはいくつかの学派があるので、よく知られているものを紹介してみよう。

　最初に、相対頻度（relative frequency）的な解釈方法をとることから、あまり適切な名称とは思えないが、頻度主義（frequentism）と呼ばれる一派がある。この学派の考えでは、喫煙とがんの間には関係があり、この関係は確率で表現が可能である。しかし、あ・な・た・ががんになるチャンスに関しては、確率は何も答えてくれない。確率が扱うのは個人ではなく、集団だけである。それでも確率は、あなた（でも他の人でも）の保険料を算出する際に使用可能である。また頻度主義では、特定のキャンペーンを張った特定の候補者に対しては、確率は適用できないと考える。そして実際、汚いカネと高い地位との間に何らかのつながりを確認することは困難だろう。

　二番目の学派は、主に傾向（propensity）解釈の支持者が占めている。この立場では、あなたががんになるチャンス、それも客観的なチャンスがあ・る・とする。しかし、我々がそのチャンスを知ることができるかどうか、そしてそれがあなたと似た人のチャンスと同じかどうかに関しては、大きな議論がある。同じことは大金を使った選挙候補者にも当てはまる。傾向主義的な考え方からすると、「大金の使用の有無が当選チャンスを上げる、もしくは上げない」ことは客観的な真実である。しかし、それがすべての候補者に成り立つか、またはそれについて私たちが知ることができるかどうかは、原則においてさえ別の問題である。

　さらに別の学派もある。自らのことをベイジアン（ベイズ主義者）と呼ぶ人々からなるグループである。主観主義（subjectivism）と呼ばれる場合もある。この一派は、あなたががんになるチャンスを賭博ゲームのように考える。あなたがブックメーカーから割

り当てられるオッズは何か？　あなたが提示するであろうオッズは？　そこには確率がある。本当にその気になれば，先物市場を作り，そこであなたが病気になるオプション（選択肢）を売ることができる。選挙候補者にしても同じである。Intrade［さまざまなトピックへの予測が取引できるインターネット上の予測市場。規制等により現在ではサービスは停止されている］へ行き，賭けの市場が何というかみてみよう。大通り，または裏通りのブックメーカーに行き，賭けをしよう。実際この種の方法は，各種の確率決定法に遅れて非常に一般的になった。やはりこの学派も，選挙候補者について同じように考える。大金を払えば当選のチャンスは上がるのだろうか？　答えは「オッズが何かを確認せよ」である。

　最後に紹介する学派は論理的（logical）な説をとる一派で，確率を対称性の問題ととらえる。これはよく知られた考え方である。特段の情報がないコインを投げるとき，表が出る確率はいくつだろうか？　彼らはこう答える：「2つの選択肢がある。確率を対称的に割り当てよう」。これは非常に自然な考え方で，驚くべき力を持つことがわかっている。ただし，対称性の使用に頼ったやり方では，「あなたががんになるチャンス」に確率を割り当てられないかもしれない。しかし，もし医学がその対称性を明らかにしたら，そのときには確率を適用できる。これは選挙候補者にも当てはまる。政治学が，論理的な確率が割り当てられるような方法でキャンペーンを説明する手段を見つけるかもしれない。しかし対称性が存在しない場合，確率はない。

　それぞれの学派，それぞれの解釈に，大きな多様性がある。いずれの主張も，権威的な統一見解から行われているわけではない。実際のところ，単一の見解がないだけではなく，多元的でさえある。互いに協力し，答えを組み合わせる。そういった複数ある解釈の概観を提示し，主だった関連議論を紹介するのが本書の目的

である。第 1 章では相対頻度解釈を取り上げる。第 2 章では傾向説，第 3 章では主観的解釈，第 5 章と第 6 章では論理説と最大エントロピー解釈を扱う。第 4 章は頻度，傾向，主観的解釈の組み合わせを取り上げる。これら議論の選択，そしてその提示から浮かび上がってくる 1 つの共通テーマは，帰納的推論の危うさである。この問題はあらゆるところに存在し，我々は逃れられない。それが結論となる。

　本書は数学についてのものではない。哲学，それも数学の解釈についての本である。確率の解釈を議論するにあたり，少なくとも本書の入門レベルで必要となるのは，基本的な数学（高校レベルの代数学と基本的な記号論理学）だけである。基本的な数学を超える場合，その説明は補遺に回した。しかし 2 つの例外がある。1 つ目の例外は補遺 A.1 で，ここは確率の基礎，つまり公理に関する議論を含んでいる。もしあなたが本書を読み続けるなら，いずれにせよどこかの段階で確率の公理にふれておくべきである。時が来たら（今かもしれない），この補遺を読むことを勧める。2 つ目の例外は第 6 章である。簡単にでも確率の哲学を見渡そうと思ったなら，最大エントロピー原理の説明は外せない。しかしこの理論は，紹介だけなら基本的な数学でも可能だが，もう少し進んだテクニックを用いずにはまともに議論できない。技術的な話は最小限にするよう努力したが，この章には少し差が出てしまった。残りの補遺では，本書全体と関連するさまざまなトピックについてのテクニカルな情報を取り上げている。例えば対数について復習したいと思ったら，A.0.5 を読んでほしい。

　表記法としては，時に集合論的な表記を使い（第 5 章），論理結合子を使った場所もある（例えば第 3 章）。理由はこれらの確率解釈で通常使われる手順に従ったからで，この本の目的である“無難さ”のためである。

目　次

第5章　古典的解釈と論理的解釈……187

第 1 章
確率と相対頻度

1.1　イントロダクション

　アメリカで奨学金をもらえることになったプロコプは，自動車保険に加入しようと思っていた。ここアメリカでは車が必要なのだ。プロコプは23歳，独身，チェコ出身の男性である。気の滅入ることに，彼は多額の保険料を支払う必要があることがわかった。26歳男性のほとんど2倍である。代理店が説明するには，15 〜 24歳のドライバーは運転者人口の13.2％を占めているが，死亡事故の25％にかかわっている。つまり彼は，年齢層としては最も危険なドライバーであるらしい。さらに男性は，この年齢層で女性よりずっと事故率が高い。例えば死亡事故ではほぼ3倍もリスクが高いとのことだった[1]。保険会社はこのような男性の保険に対してはより大きなリスクを負うことになるため，より大きな保険料を要求する。

　プロコプは次に健康保険に加入しようとした。これもアメリカで生活するには死活的に重要である。彼はたまにタバコを吸うので，代理店にもそう伝えた。ここでもまた，彼は健康保険に多めの金額を払わねばならなかった。いくつかの代理店を少し回れば（インターネットで調べてもいい），彼が非喫煙者の300％以上の金額を払う必要があることがすぐにわかるだろう。不満を言うプロコプに，ブローカーは冷たく笑いながら言った。「喫煙について医者と話したことがありますか？」。喫煙者集団では非喫煙者に比べてがんや心疾患が劇的に増加することは，プロコプだって知っていた。

1　MHTSA 2011 より。同報告書の図19 および図25 が視覚的理解を助けてくれる。

　プロコプは予定より多くの金額を保険に費やすはめになりそうだった。母国の賭博バー（チェコ語ではカジノを herna と呼ぶ）でのひどい経験を思い出し，お金を増やそうとカジノに行くことは選択肢から外した。そのかわり，カジノでゲームに勝つチャンスについての本を読むために，図書館に引きこもることにした。そして奨学金が次に預金口座に振り込まれるのはいつだろうかと思案した。

　プロコプが勉強しようと選んだのは多くが物理学分野で，彼の頭は衝突する気体分子の空想でいっぱいだった。1つの分子がどのように衝突するかを予測することは不可能かもしれない。しかし，多数の衝突する分子がどのように振る舞うかは予測可能だし，結果としてガス全体としての振る舞いも予測できる。彼は，気体力学で使われるのと同じ数学的な手法が，さまざまな現象の説明にも利用可能なことを知っていた。惑星の軌道の安定性から，病気の広がり方，ルーレットでの損失速度などである。

　このように，偶然現象はプロコプの生活で大きな重要性を持っている。慣例では，このような現象を扱う際に使われる道具は確率計算である。本章の目的は，保険，カジノ，天体運動で一般的に使われる確率という概念を紹介することにある。まずはリヒャルト・フォン・ミーゼスの確率解釈を取り上げ，その次に A・N・コルモゴロフの公理化のさまざまな解釈をみていくことにしよう。

1.2　フォン・ミーゼスの相対頻度解釈

　プロコプの話に出てきた現象は，通常は“物理的（physical）”あるいは“客観的（objective）”と呼ばれる確率で記述されると

考えられている。これら用語が哲学的に背負っている意味を考えるなら，これは望ましい状況とは言えず，このような言葉は避けるのが理想だろう［本書では批判があることは断りつつも，客観的確率と主観的確率という確率の大分類が使われている。他にも例えばaleatoric（対象に内在する偶然性）/epistemic（認識論的）な確率といった大分類などもある］。しかし，単純にそれは不可能なので，そのなかでやっていくしかない。確率や統計の入門書で曖昧に取り上げられているように，客観的確率の標準的な理論が相対頻度解釈（relative frequency interpretation）である。この解釈で最もよく知られているのは（少なくともこの問題に関心を持つ哲学者のなかでは），リヒャルト・フォン・ミーゼスのものだろう。フォン・ミーゼスの解釈は確かに最もよく検討されたもので，すべての相対頻度解釈にみられる基本要素を何らかの形で含んでいる。したがって，この分野の入り口としてはちょうどいい。

1.2.1 確率と大量現象

　相対頻度理論は，フォン・ミーゼスが大量現象（mass phenomena）と呼んだものを扱うために作られた。これは，非常に多くの量において起こる現象（より適切には観察結果の型）である。例えば実験によって何回でも結果が得られる場合かもしれないし，非常に多くの出来事が見つかる場合かもしれない。このような事象については，同じ種類の現象に対する"実質的に無限の観察の列"を作ることが可能である（von Mises 1957: 11）。フォン・ミーゼスは3つのタイプの大量現象を挙げた。①偶然ゲーム（コイン投げ，サイコロ振り，賭博場で行われているギャンブルなど）によって生成されるもの。②社会的大量現象（生命保険や健康保険の対象：ある年齢で死ぬ男性，ある疾患に罹患する人など）によって生成されるもの。③機械的・物理的現象（分子の衝突，ブラウン運動など）

によって生成されるもの，である（von Mises 1957: 9-10）。

　確率は大量現象にしか適用できないので，相対頻度的な解釈では，多くの日常的な意味での確率が除外される。フォン・ミーゼスによる例の1つは，ドイツとリベリアが戦争を宣言する確率である。リベリアは2度の世界対戦のそれぞれでドイツに宣戦布告した（1917年8月8日と1944年1月28日のニューヨーク・タイムズにその記事が出ている。ドイツが布告を返したのかは知らない）。もう1つの例が，アメリカ大統領選挙で特定の候補者が勝つ確率である。選挙で4度勝利した大統領はおらず（実際にはフランクリン・デラノ・ルーズベルトが4選したが），憲法修正第22条が撤廃されないかぎり2期を超えて大統領は務められない。一般に，1度限り（あるいは2度限り，3度限り……）の事象は大量ではない。このような事象は第3章の中心論題となる。

　しかし，大量現象と大量でない現象との間に明確な線引きはない。フォン・ミーゼスによると，境界線上の例には目撃者の信頼性の問題があるという（おそらく陪審裁判での話と思われる）：「我々は，目撃者や裁判官の信頼性・信用度を境界線上に分類する。反復現象とみなせるほど同様の状況が十分に頻繁かつ一様に起こるのかという妥当な疑問があるからである（von Mises 1957: 10）」。実際，目撃者の信頼性に関しては長年にわたる研究があるが――その一部は背筋が寒くなるものである（例えば Connors et al. 1996）――，大量現象としての特徴に従っているようにもみえる。フォン・ミーゼスにとって大量現象の境界線は，現実の科学的経験によって決定される。この論題については 1.3.4 項やその他のところでふれる。

　フォン・ミーゼスの確率解釈は，特定種類の現象，すなわち大量現象に関する科学的理論の基盤を作ることを意図したものである。そして，実際の応用性に対して確証が得られるかどうかが問

題なのである。明確に応用数学者だったフォン・ミーゼスは，この点において確率理論を応用幾何学や力学と似たものとしてとらえていた（例えば Mises 1957: 7）。

　フォン・ミーゼスは，大量現象に取り組んでいた人たち（保険数理学者，カジノ従業員，物理学者）によって発見された2つの特徴について述べている。1つは，大量現象中の特定の個々の結果の予測は不可能であるということ。2つ目は，それにもかかわらず，全体として大量現象はある種の規則性を示すことである。彼はこの2つをそれぞれ，"ランダム性" と "収束" の経験的公理と呼んだ。そしてこれらは彼の確率理論の基盤を形成する。まずは収束からみていこう。

1.2.2　収束と相対頻度

　普通のコイン投げを考える[2]。任意の回数のコイン投げに対して，ある割合で表が出ている。ここで我々は，投げたすべての回数のうち表が出た割合を，見込みの尺度として使うことができる。もし表が出る見込みが非常に高いなら，表の割合は100%（およそ100/100，すなわち1）に近い値をとるだろう。この場合，ほとんど毎回，表が出る。逆に表が出る見込みが非常に低い場合，表の割合は0%（およそ0/100，すなわち起こらない）に近づく。もし表と裏が出る見込みがちょうど同じなら（つまりコインが公平・フェアなら），表の比率は1/2である。全コイン投げに対して表が出ている割合を，表の相対頻度（relative frequency）と呼ぶ。

　多くの確率の教科書では，全試行（もちろん大量現象と関連する）に対する結果の割合は，決まった値に落ち着くと述べている。そ

2　本書では，コインは表と裏のみで結果が出るものとする（側面では着地しない）。あなたが持っているコインで側面が出た場合は，表か裏が出るまで投げなおす。これが問題になるようならコインを取り換えたほうがいい。

のため，コイン投げを行えば，全コイン投げに対する表の出る割合が何らかの特定値へと収束していくところが観察できるはずである。つまり，それは何らかの値に落ち着き，その値からはそれほど大きく外れない。図 1-1 は，5 クラウン銀貨の一連のコイン投げにおいて，表が出た相対頻度を描いたものである。

　ご覧のように，表（または裏）の相対頻度の逸脱（偏差）の大きさは，速やかに減少している。相対頻度はおよそ 0.49 へと落ち着き，つまりは収束（convergence）している。これは多くの大量現象においてしばしばみられる特徴である。ここでは相対頻度が落ち着くという事実を，確率の定義の基礎の 1 つとして扱う。この考え方は普遍的で尊重されるべきものである［多くの教科書に書かれている通常の確率論では収束は「定理」であるが，フォン・ミー

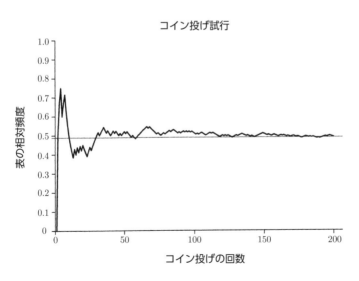

図 1-1　コイン投げ試行

ゼスの理論では「公理」として取り扱っている]。フォン・ミーゼスはこれが1837年のポアソンの記述にみられると記している（von Mises 1957: 105）。しかし，この考えを数学的に受け入れられるものにするためには，もう少し作業が必要である。これからそれを行おう。

　既に登場しているものもあるが，専門用語を紹介しておく。コイン投げを試行（trial または experiment）などと呼んできたが，これは興味のある現象に対する総称である。試行の結果を事象（event，あるいは attribute, outcome）と呼ぶ。試行において期待している結果は成功（success），そうでないものを失敗（failure）と呼ぶ。コインを投げて表が出ることを期待している場合，表が出ることを成功と呼ぶ。もちろん裏が出るほうを成功にも設定できる。この名称と何らかの事象が常に紐づいているわけではない。これら根元事象（elementary event）は，複合事象（compound event）へと組み合わせることができる。例えば，連続して2回裏が出る，2枚のコインを同時に投げる，サイコロを振ってコインを投げる，などである。

　確率を割り当てたい事象の集合は標本空間（sample space）として知られている[3]。例えばサイコロを振る場合なら，ありうる結果に1, ..., 6という標識（label）をつけて，この試行の標本空間は {1, ..., 6} である。表裏のコイン投げなら標識は表と裏で，標本空間は { 表 , 裏 } となる。

　フォン・ミーゼスの理論を扱うとき，我々は無限の長さの反復試行だけに興味を持つ。無限回数のサイコロ振りは 1, 5, 3,

---

3　やはり好ましくない，いくぶん不適切な名称である。この名称についての議論は Gillies 2000: 89（邦訳：D・ギリース『確率の哲学理論』日本経済評論社）参照。フォン・ミーゼスは Merkmalsraum すなわち label space という用語を使った。

2,... のような，整数 1, ..., 6 の無限列として表される。無限のコイン投げは，表裏表表裏裏表 ... のようになるだろう。標本空間は，このようなすべての無限列の集合である。コレクティーフ（collective，ドイツ語で Kollektiv）とは，標本空間（つまり結果の無限列）の要素のなかで，まもなく紹介する一定の制限に従うものをいう。フォン・ミーゼスはその重要性を

> まずコレクティーフ，次に確率（First the collective, then the probability.）

という標語で強調した（von Mises 1957: 18）。1.3 節で紹介するアプローチとは対照的に，フォン・ミーゼスはコレクティーフに基づいて確率を定義したのであって，確率を基本概念（primitive notion）とは考えなかった。

　事象を扱うかわりに確率変数（random variable）を使ったほうが，通常はずっと便利である（補遺 A.3 参照）。確率変数とは，標本空間の要素に（実）数を割り当てる関数である。確率変数は実際便利である。最も単純かつ重要な例としては，事象に頻度を割り当てることを可能にしてくれる。コイン投げの場合，標本空間は表と裏から成る列である。これを 1 と 0 に置き換えれば，表の総数を足し合わせることが可能になる。確率変数 I_i を定義し，列の i 番目の要素が裏だった場合は 0，そうでない場合は 1 とする。I は指示変数（indicator variable）で，i 番目のコイン投げが表か裏かを表している。少々うるさく見えるかもしれないが，これは我々のコイン投げ試行，つまり標本空間からの列を，現実のコイン投げ試行の結果から切り離して表現するためには重要なことである。

　さらに別の変数 S_n を，$I_1 + ... + I_n$ の合計を表す量として定

義する。これで n 回のコイン投げで表が出る相対頻度をうまく記述できるようになった：

$$\frac{S_n}{n}$$

ある属性（attribute）の極限相対頻度（limiting relative frequency）とは，試行数を任意に大きくしたときの相対頻度のことである。すなわち，

$$\lim_{n\to\infty}\frac{S_n}{n}$$

フォン・ミーゼス理論の第一の公理は，**収束の公理**である。つまり，あるコレクティーフに対し，極限相対頻度が実際に存在する。これは，相対頻度の値は振動せず，何らかの数字に落ち着くことを意味している。この公理は，「大量現象中の属性の極限相対頻度が特定値へ落ち着く」という観察に対する数学的な対応物となることを意図したものである。無限が使われていることは，数学的な理想化が行われたことを意味している。

驚く人がいるかもしれないが，列によっては極限相対頻度は存在せず，値はただ永遠に振動するかもしれない。特に単純な例の1つは，1で始まる自然数の相対頻度である（Binmore 2009: 104, Skyrms 2012）。これは 1/9 から 5/9 の間で振動する。相対頻度の山と谷は 1/9, 11/19, 11/99, 111/199, 111/999, 1111/1999, 1111/9999... である（ただし，この例は次項で説明するランダム性の必要条件を満たしていないことに注意する必要がある）。

1.2.3　ランダム性：ギャンブルシステムの不可能性

極限相対頻度という考え方はフォン・ミーゼスの独創というわ

けではない。彼の独創性はランダム性の考え方のほうである。前述したように，大量現象のもう１つの特徴は，「個々の結果の予測は不可能だ」ということである。真の大量現象は予測不能である。この最も明確な例を賭博場で見ることができる。少し調べれば，カジノでのゲームや特にルーレットには，さまざまな賭けシステムがあることがわかるだろう。単純な例を挙げよう。ルーレットで続けて３回赤が出たら，黒に賭ける。このようなシステムに従って賭けごとを行えば，身の破滅か，少なくともルーレット卓で負けることは間違いない。確かめたい人は地元のカジノに行って試してみるといい。

　場面は変わる。プロコプとホーストは 19 世紀ドイツの田舎道を馬車に乗って長旅している（どうやってそんな場所に行ったかは聞かない約束である）。ホーストはプロコプからの酒の飲み比べ（道は非常に悪いので悪酔いしそうだ）や合唱（プロコプが歌うのを既に聞いたことがある）の提案を丁寧に断り，かわりに暇つぶしの賭けごとを持ちかけた。ホーストは，次の標石がその前のものより大きいか小さいか賭けようとプロコプに言った。しかしこれにはずるいトリックがある。この驚くほど整備された区間の道では，1 km ごとに大きな標石が，1/10 km ごとに小さな標石が立っているのである（この例は von Mises 1957: 23 の出典である）。全標石に対する大きな標石の相対頻度は 1/10 となり，ホーストはそれが最後にあった場所を覚えていた。したがって，彼はすべての賭けに勝つことができる。明らかに怪しいホーストの提案をプロコプは断り，汚れた窓の外を物憂げに眺めることに戻った。教訓？ホーストの賭けはランダムではなく，"勝ちの保証されたギャンブルシステム"である。つまり標石の列はコレクティーフではない。

　ランダムネスが公平を意味しないことに注意するのは重要であ

る。プロコプとホーストはコイン投げを行うことにしたが（本当に退屈な馬車旅なのだ），彼らの知らないうちに表がよく出るコインが使われているとする。表が裏より多く出るものの，彼らは前のコイン投げの結果からだけでは，次に表が出るかどうか予測できない。いってみれば，3回続けて裏が出た後に表に賭けることによって「逆境をひっくり返す——確率に打ち勝つ——」ことはできない。また，ギャンブルシステムは毎回勝つことを保証する必要はない点にも注意すべきである。システムに従っている限りより多めに勝てることを保証してくれればいいのである。

　事象の集まりがコレクティーフではないことがあるのを示そう。チェコ共和国での出生は，地方自治体の役場にある大きく豪華な布装本に記録されている。担当部署がここ100年の男女の出生割合を確かめたいと思ったとする。しかし，100年分の紙の記録を調べ上げる人員を揃えるようなコストは払いたくない。3グループがこの仕事を割り振られ，すべての記録をチェックするかわりに，最初のグループは本の各ページの最初の記入をチェックし，次のグループは最後の記入をチェックすることになった。最後のグループは5ページごとに真ん中の記入をチェックする。もし出生記録がコレクティーフなら（これはかなりの理想化である），すべての方法で男児出生の相対頻度は同じ0.53になるはずである。ちなみにこの数字はつまらない方法ではあるが，記録のデジタル化と自動計算によって確かめられている。

　このリストがコレクティーフにならないのはどのような場合だろうか？　例えば，「ページは男児で始まり女児で終わることが美的に好ましい」などと考える役人がいたと想像してほしい。そうすると，先ほどのグループ1は男児出生の相対頻度が1だという驚くべき発見をすることになるだろうし，グループ2では女児出生の相対頻度が1になる（グループ3でも偏った数字が出るだ

ろう。理由は自由に考えてほしい）。このようなデータは，フォン・
ミーゼスのいう意味でのランダムではない。役人どもめ！（彼ら
の特性から考えるとあり得ないことではあるが，役人がたまに間違え
て男児を最初に女児を最後に書き忘れた場合でさえ，これはランダム
にはならない）このデータをコレクティーフにすることは可能で
ある。手間をかけて一人一人の記録をハサミで切り離し，それを
大きなドラム缶の中に入れ，そこからくじのようにひいていけば。
すなわちこれがデータのランダム化である。

　もっというと，季節性のある事象はコレクティーフを生み出さ
ない。例えば北ヨーロッパで任意の日に花が咲いている頻度は，
冬よりも春のほうがずっと高い。したがって，春の月の日を選べ
ば開花に関して高い相対頻度が出るし，冬の月の日を選べば低い
相対頻度が出る。この情報は月に関するデータを削除することに
よってランダム化できる（そんなことをする理由は理解不能だが）。

　ここまで紹介してきた用語を使うことで，コレクティーフ内の
属性（ルーレットで球が赤に入る，コイン投げで表が出るなど）とい
う観点からランダムネスを定義できる。ギャンブルシステムの成
功の鍵は，コレクティーフの特定要素を抽出したときに相対頻度
が変わるという点である（赤が4回続いた後は黒が出やすい，裏が
5回出た後には表が出やすいなど）。そこでランダムネスを定義す
る最初の試みは，「関連する属性に対してコレクティーフ全体と
は異なる相対頻度を持つコレクティーフの部分列を抽出する方法
がない場合，コレクティーフはランダムである」となる。言い換
えれば，任意に選択された部分列は，列として同じ極限相対頻度
を持つ。

　賢明な読者はお気づきかもしれないが，この単純すぎるランダ
ムネスの定義は機能しない。つまり，そのような部分列を抽出す
るあまりにも多くの方法がある。例えばサイコロの3の目が出る

部分集合を選んだとしよう。3の目が出る相対頻度は，この部分集合のなかでは1である（そうなるように選んだのだから）。しかし当然，コレクティーフにおける相対頻度は異なる場合がある。さらに，6の目（や5の目，4の目……）だけを含む部分列もあるだろう。これはあらゆる列について当てはまり，したがって先ほどの単純な定義ではランダムな列は存在しなくなる。それゆえ我々は，結果の知識とは独立に部分列を選ぶ方法だけを許すことにするしかない（この議論はしばしばカムケに帰せられるが，ハウスドルフが先に手紙の中ではあるが1920年1月に言及していたようである：Föllmer and Küchler 1991: 114）。フォン・ミーゼスの解釈に対する標準的な不満は，それがまったく数学的でないということである。そしてランダムネスという概念が満足に特徴づけられるまで数十年かかったという事実がある。これからその発展を追ってみよう。

1.2.3.1　ウォールドとコレクティーフ

　ランダムネスという概念を数学的に扱いやすいものにするためには，コレクティーフの無限の部分列を抽出する関数が必要である。フォン・ミーゼスにならって，この関数を場所選択関数（place selection function）と呼ぼう。既におわかりのように，どんな場所選択関数でもいいわけではない。まず我々は，コレクティーフの各要素に対して，その要素の値とは独立した形で部分列の要素になるかを決定する関数を必要としている（例えばコレクティーフの5つごとの要素，あるいは「赤が出る」のような属性が4回起こった後に続く要素など）。このような場所選択関数は "許容可能（admissible）" と呼ばれる。

　しかしまた，実際のところコレクティーフが存在することを示す必要もある。つまり，諸属性の列でこのようなランダムなもの

は存在するのだろうか。ウォールドは 1937 年，可算個（補遺 A.0.3
参照）の場所選択関数のみを許すことにすれば，適切な相対頻度
を持つコレクティーフが連続濃度で存在することを示した。自然
な疑問は，なぜ可算個の場所選択関数のみに制限すべきなのか
である。ウォールドは，ギャンブルシステム［賭けの方法］を形
式論理体系の理論とみなすことを提案した（つまりギャンブルシ
ステムを形式言語における文の集合と見るのである）。このような理
論（文の集合）は高々可算個しか存在しないため，場所選択関数
の族も可算個に制限しなければならないという望む結果が得られ
る。これはもっともな提案に思える。確かにギャンブルシステム
は，何らかの形で形式化されていなければならない。しかしアロ
ンゾ・チャーチは，この考え方には実際には問題があることに気
づいた。幸運にも彼はその解決法も示してくれている。

1.2.3.2　チャーチの解法

1940 年の論文「The concept of a random sequence」終盤の
脚注で，チャーチはある形式体系 L においてランダムネスの理
論を定義することに関する 2 つの問題点を指摘した。第一に，ラ
ンダムネスの定義がその言語に相対的な（relative）［その言語に依
存する］ことである。しかもその言語の選び方は，チャーチにとっ
て恣意的なことのように思えた。第二に，ある論理体系に相対的
にギャンブルシステムを定義するという考え方は，よく知られた
問題を導く：

> それ（ギャンブルシステムのウォールド的解釈）［場所選択関数をある論
> 理体系 L において定義可能なものに制限するという条件］は，特定の体
> 系 L の選択に相対的にならざるをえず，したがって恣意的なもの
> が含まれる。もし［定義可能性が］体系 L の内部で使用されるなら，

指示するもの（リシャールのパラドクスにより問題となることが知られ
ている）の意味論的関係の存在が L 内で必要となる。体系 L の外部
で使用されるなら，「L 内で定義可能」であることの意味をより正確
に言及する必要がある。そして L の無矛盾性や完全性に関する疑問
が特に厄介な形で発生するおそれがある。［これは当時の見解。定義可
能の意味は後に正確な定義が与えられる］(Church 1940: 135)

　チャーチの洞察は，ギャンブルシステムはアルゴリズム
(algorithm) とみなせるというものであった。アルゴリズムとは，
ある入力から出力を返す機械的で段階的な手順である。身近な例
が筆算での掛け算・割り算で，フローチャートはアルゴリズムを
視覚化するよく知られた方法だろう。アルゴリズムとして料理雑
誌のレシピを思い出してもいい。同様に，ギャンブルシステムは
カジノで成功するためのレシピと考えることができる。もっとい
えば，賭けのシステムはコンピュータプログラムとみなすことが
できる。以前の賭けで起こったことを基にして，次にベットする
かどうかを教えてくれるプログラムである。チャーチが 1940 年
に言ったように，賭けのシステムは場所選択関数の値を計算する
アルゴリズムであり，その値はいつどのように賭けるべきかを表
している。
　これは，ランダムネスという概念と，計算 (computation) を
中心とした一連の概念とを結びつける。我々が計算するとき，我々
はアルゴリズムに従っている。ある関数に対するアルゴリズムが
あるのなら，その関数は実効的に算出可能といえる。計算可能性
(computability) とか実効的算出可能性 (effective calculability) と
いう概念は，多くの数学的理論（計算可能性理論や再帰理論などと
して知られる）の直観的な対応物である。おそらくこの理論でもっ
とも有名なのは，チューリングによって 1937 年に示されたもの

だろう。彼はシンプルで抽象的な機械を使って，計算という概念を詳細に説明した。チューリングマシン（Turing machine）とは，①有限個の命令の集合，②テープへ読み書きする機器，③テープ，④記憶デバイス，からなる。現在の状態の情報を保存する記憶デバイスの内容に従って，一連の命令により，テープに読み書きする機器を動かす。この機械はさらなるレベルへ移行でき，1つのユニバーサル・チューリングマシン（universal Turing machine）が，チューリングマシンたちが行う計算をも計算できる。つまりユニバーサル・チューリングマシンは入力として，別のコンピュータの行動表と入力を持つ。そうして，チューリングマシンたちをユニバーサル・チューリングマシン上のプログラムと同一視することができる（し，そうみなす）。

　チューリング計算可能性は驚くほど実りある概念であることが明らかになった。アルゴリズムは，チューリングマシン上で動くプログラムとして考えることができる。実効的算出可能な関数とは，チューリングマシン（ユニバーサル・チューリングマシンと言ってもいい）によって計算可能な関数である。チューリングマシンによって計算可能な関数は，（部分）再帰関数として知られるものだとわかり，アルゴリズムという概念を捉える別の手段を提供した。実際，ほとんどすべての数学者が容認できると考えるアルゴリズムの説明案は，同値なものであることがわかった。これが多くの人がチャーチのテーゼ（チューリングの計算可能性は計算可能性の概念を適切に捉えている。したがってアルゴリズムをチューリングマシン上のプログラムとみなすのは妥当であるという主張）を受け入れる理由である。

　1つのユニバーサル・チューリングマシンに対し，高々可算個しかプログラムは存在しない（プログラムは有限の長さで，有限のアルファベットを持つ言語では高々可算個の有限長の文字列が存在

し，したがってある言語で表現可能なプログラムは高々可算個しか存在しない）。ギャンブルシステムはアルゴリズムによって書かれていると考えるべきと思われるので[4]，こうして場所選択関数の自然な制限が見出される。

この制限がどれほど自然かを確かめるために，実数を考えてみよう。非可算個の実数があり，しかし可算個の実数の値が数え上げられるだけである（なかでは π, e, $\sqrt{2}$ などが有名である）。我々は，計算可能な実数の値のみ数え上げることができる。なぜなら，それらはパターンに従うからである。しかし，ほとんどの実数の値は，それほど数え上げ可能ではない。言い換えれば，出力としてこのような実数を持つチューリングマシンは存在しない。0から1の間の実数の集合は特に興味深い。これら実数のそれぞれは，2進小数展開，つまり0と1の無限列で表すことが可能である。これらの列はあり得るギャンブルシステムとしてとらえることが可能である（もし列の n 番目が1だとしたら賭け，そうでない場合は賭けない）。これらギャンブルシステムのうち高々可算個のみが計算可能である。そして，計算可能でないギャンブルシステムを使うことは，計算不可能な実数の2進展開を使うことに対応する。この2進展開にどうアクセスするかを考えることはかなり困難である[5]。

ギリースはチャーチの提案を明確に解説し（Gillies 2000: 105-9），これをランダムネスの説明の最新版として扱っている。そし

---

4 ノーマンは以下のように言っている：「あなたがシステムを操作しているとき，あなたはギャンブルすることはできない。いかなる手掛かりも，あなたがシステムを遊んでいないことを意味している。これがギャンブラーにとってこのアプローチが退屈で，見当はずれで，馬鹿らしく，ゲームの楽しさを奪う理由である。彼らにとってのスリルは，幸運であることのなかにある。一方でシステムを使うプレーヤーとして，あなたは勝つときにお守りに頼ることも，興奮することもない。あなたの行動は完全に決定されている。オートマトンのように遊ぶべきなのだ」（Bass 1991: 42）。

て実際，相対頻度解釈に基礎を提供するという目的には十分なものである。しかし，フォン・ミーゼスの考え方はランダムネス研究にインスピレーションを与え続けている。

1.2.3.3　ランダムネス──コルモゴロフとそれ以降

　コルモゴロフは 1960 年初頭，結果の有限列に対するランダムネスの新たな定義を提示した。これにより生まれた数学領域は，現在でも活発な研究が行われている。数 [0 と 1 のこと] の文字列のコルモゴロフ複雑性（Kolmogorov complexity）とは，その数字の列を出力する最も短いコンピュータプログラム（ユニバーサル・チューリングマシン上のプログラムと考えることができる）の長さである。

　小さな，しかし完全に規則的な列 01010101010101010101 を考える。十分な柔軟性のある何らかのプログラミング言語において，この列を生み出すプログラムは多くある（実質，無限にあるだろう）。例えば，「print 01010101010101010101」というプログラムを書いてもいい。あるいは「print 0101010101 twice」や「print 01 10 times」というプログラムを考えるかもしれない。しかし，とても不規則な列の場合では，例えば print の命令を繰り返すようなことができないため，選択肢はそれほど多くない。これがコルモゴロフの洞察である。つまり，もしある列がかなり無秩序な

5　計算可能なギャンブルシステムの代替物 [つまり計算可能でないギャンブルシステムとでも呼ぶべきもの] はかなり奇妙なものになる。例えば，計算不可能なギャンブルシステムにアクセスできる神様がいたとして，私を手助けしたいと思い，私にアクセス権を与えてくれたとする。しかし，なぜ私はそのような力があるのにギャンブルシステムを必要とするのだろうか？　あるいは，私はある種の予知能力（計算不可能な実数の数字を数える能力）を持っているかもしれない。この場合も，このような能力を持っていたとしたら，私はギャンブルシステムの使用に頼る必要はない。おそらく既に結果を知っているのだろうから。

ら，それを表すプログラムの長さは少なくとも列そのものと同じ長さになるだろう。

　ここで注意が必要なことは明らかである。列を生み出すプログラムの長さは，（プログラミング）言語で使える関数群に依存している。そのためコルモゴロフ複雑性は，プログラミング言語に相対的に定義するしかない（より正確には特定のユニバーサル・チューリングマシンに対して）。しかしコルモゴロフは，ある列を表現する最短のプログラムが，言語に依存するある定数の誤差で存在することを示した。

　この驚くべき結果は，複雑性のほとんど普遍的な尺度が存在することを意味している。「Hello World」を出力するプログラムの長さの違いを考えてみよう（多くの言語において多くのプログラムが存在する）。プロコプがプログラムを初めて学んだときに使っていたのは BASIC だった。この場合のプログラムはシンプルで，「PRINT "HELLO WORLD"」となる。プログラマーになった彼の友人は，与えられた文字列を出力する最も長い冗長性のないプログラムを Postscript で書くというコンテストを開催したことがある。我々がいま考えているプログラムもこれと同じである。つまり，我々は数字の列を出力したいと考えており，それを実行するさまざまな効率の方法がある。それにもかかわらず，出力される数字列が長くなっていくにつれ，プログラムで数字を出力するために費やされる部分［上記プログラムなら PRINT に相当する部分］の全プログラムに対する割合は小さくなっていく。

　コルモゴロフの定義は有限の列に対してはよく機能するが，無限の列へと拡張できればさらに望ましい。1つの自然な考え方は，ランダムネスをある種の非圧縮性（incompressibility）とみなす方法である。010101... という無限の列は，明らかに大きく圧縮可能である。逆に，高度に無秩序な列は圧縮不能のように見えるだ

ろう。列を前から順に符号化［符号化とは，それぞれの文字列に対して，それを出力するプログラムに相当する文字列を対応させることである。そのプログラムに相当する文字列を符号と呼ぶ］していくにしたがって，必要となるプログラムの長さは列そのものの長さへと近づいていくからである。無限の場合における自然な要件は，列［の最初の n 文字］を符号化するにつれて，そのコルモゴロフ複雑性［と符号化する文字の長さ n との差］がある値へと落ち着くことだろう。相対頻度は収束するという要求と同様に，もし特定の複雑性が特定の有界内にとどまるようならば，これは望ましい流れである。

　だが，この試みはうまくいかない。驚くべきことに，この方法ではどんな列も収束しないと示すことができる。高度に不規則な列でさえ，［最初の n 文字の］複雑性［と n との差］は大きな揺動を示しうる。手っ取り早く言えば，問題は列の符号化に制限がないことから発生することがわかっている。もし符号化が接頭の条件を満たすことを要求されるなら，複雑性の大きな揺動はもはや存在せず［十分大きな n については，最初の n 文字の複雑性が n よりも小さくならず］，コルモゴロフ複雑性は無限の場合へと拡張できる。

　接頭符号（prefix free code）とは，どの符号も他の符号の接頭辞になっていないような符号化のことである。電話番号は接頭符号のいい例になる（Downey and Hirschfeldt 2010: 121）。チェコの両親に電話したいと思ったプロコプは，001 420 555 5555 とダイヤルした（実際にプロコプがかけた番号は違うのだが，ここではアメリカ映画の慣例に従って 555 で始まる架空の番号を使った）。001 はシステムを国際電話へと切り替えるもので，次にチェコの場合は 420 となる国番号の待ち受けとなる。しかし，例えばブータンの国際番号が 42 だったとしたら，プロコプは実際にはブータ

ンの0555 5555へ電話をかけたことにならないのだろうか。実際，電話番号を全体としてとらえて経路制御する仕組みがないかぎり，彼がチェコへ電話をかけることはできない。例えばすべての国際番号を同じ長さで作ることはできるが，これはやはり接頭符号をもたらす。もしくは，符号語がどこで終わったのかを示すカンマとして，特別な数字が必要になる。これによりカンマの探索が必要となり，そして数字の終わりが発見できたらコードを実行する。これはチューリングマシンがテープに沿って右へ左へと移動するのと同じである。

接頭コルモゴロフ複雑性は魅力的な概念である。また，圧縮性という概念は直観的である（接頭属性の必要性には反論があるかもしれない，あるいは少なくとも第6章の考察を行うまでは直観的とは感じないかもしれない）。プログラミング言語によって必要となる付加的な長さに関する定数は，大きな問題ではない。プログラムの長さが無限になるにつれ，その寄与は無限に小さくなるからである。さらに都合がいいことに，非圧縮性はまた，典型性（typicality）としてのランダムネスの定義（マルティン＝レーフによって1966年に提案された）と同値であることが判明している。このランダムネスの定義を大雑把にいうと，ランダムネスを確率に基づいて以下のように定義する：確率計算に適合するすべての計算可能な検定に合格するなら，その列はランダムであると呼ぶ。

いまはこの論題は保留しておこう。ここでは，このランダムネスの定義を使えば，フォン・ミーゼスの2番目のランダムネスの経験的公理を十分に説明できるというコンセンサスが存在すると思われることだけを指摘しておく（ランダムネスと複雑性に関してはEagle 2012にエレガントな議論がある。この分野に関するさらなる情報はLi and Vitanyi 1997およびDowney and Hirschfeldt 2010を参照のこと）。

1.2.4　コレクティーフへの操作

　フォン・ミーゼスの理論は，1 つのコレクティーフで起こるこ
とだけを扱うわけではない（それではあまり役に立たない）。実際
にはフォン・ミーゼスの理論は，複数のコレクティーフから新た
なコレクティーフを作りだすいくつかの操作によって補完され
る。フォン・ミーゼスは，コレクティーフから新たなコレクティー
フを作り出す 4 つの操作を提示した。すなわち，選択，混合，分割，
組み合わせである。まず選択（selection）であるが，これは既に
みてきた。場所選択関数を使って無限の部分列を選び出すことに
より（例えば元のコレクティーフの 5 つごとの要素を選ぶ――「4 個
選ばず，1 個選ぶ」を繰り返す――など），新たなコレクティーフを
作り出す。新たなコレクティーフは元のコレクティーフと同じ諸
属性を持つ。ランダムネスの公理により，新たなコレクティーフ
における属性の確率も同じになる。

　混合（mixing）は，元のコレクティーフにおける属性の合併に
対応する。フォン・ミーゼスの例えでは，元のコレクティーフ
はサイコロの目からなり，属性は 1 〜 6 である（von Mises 1957:
40）。2，4，6 を新しい属性“偶数”へと合わせることによって
新たなコレクティーフが作られる。もちろんその他は“奇数”で
ある。あるいはタバコの害に興味があるとして，元のコレクティー
フが禁煙家に加えて，パイプ，葉巻，紙タバコ，嗅ぎタバコ，噛
みタバコなどあらゆるタバコ使用者という属性だったとする。元
のコレクティーフからは，“タバコ使用者”と“タバコ非使用者”
を持つ新しいコレクティーフを作ることができる。あるいは，“上
品なタバコ（極上の葉巻など）の利用者”，“下品なタバコ（痰壺が
必要な噛みタバコなど）の利用者”，“まったくタバコを嗜まない
人”，“残りのカテゴリーに入る人”を調べたいと思うかもしれな
い。

　分割（partition）は，ある属性を持つかどうかに基づいて要素を選び出すことにより，新たなコレクティーフを形成する。フォン・ミーゼスの例え話を少し改変して，プラハ市ステパンスカの停留所を4番，6番，10番，12番，22番の5種類の路面電車が走っているとする。あなたは遠くから路面電車を視認できるが，路面電車のケタ数を除けば番号まではわからない。元のコレクティーフは停留所を通り過ぎる路面電車である（通常，路面電車はスケジュール通りに運行しているため，ランダムに到着したりはしない。そのためステパンスカを通る路面電車はコレクティーフにならない。しかし，今日は特別である。運転手は路面電車の番号の書いてある切符のくじ引きで出発することに決めたのである）。あなたは1ケタ番号の路面電車を遠くに見つけるが，何番かまではわからない。ここであなたは4番と6番からなる新たなコレクティーフを形成する。新しい確率は，単に4番と6番が到着する回数である。例えばもともと路面電車は同じ割合で到着すると考えれば，元のコレクティーフにおける4番の相対頻度は1/5である。しかし，新しいコレクティーフでは1/2となる。分割は，条件付き確率の考え方を捉えている（1.3.1.1参照）。

　4つ目はコレクティーフ同士の組み合わせ（combination）に関するもので，そのままの名前がついている。実例としてはサイコロの目を使うのが標準的だが，退屈である。ここではかわりに，ハンフリー・ボガートのファンであるプロコプに，リックス・カフェ・アメリカンの奥の部屋に潜入してもらおう［映画『カサブランカ』が元ネタ。ボガート演じるリックがある男を助けるために，ルーレットの八百長で敢えて勝たせるシーンがある］。プロコプは多くの人がルーレットテーブルに結果を見ようと立ち寄ることに気づいた。そこにリックがやってきて，悲壮な表情をした若い男の傍に立った。そしてその男は残りの財産を22に賭けた。球は22

に落ち，リックは男の肩の上に身を乗り出した。若い男は続けて 22 に賭け，球はまた 22 に落ちた。リックと短い挨拶を交わした後，男は慌てて部屋を出ていった。プロコプの目は涙で濡れた。

　2 つのコレクティーフを考える。1 つは，ルーレットの傍の特定の椅子の隣に立っている人からなる。もう 1 つはルーレットの回転の結果から構成される。この 2 つを組み合わせ，新しい 2 次元のコレクティーフを作ることができる。この新しいコレクティーフは，1 つのコレクティーフからもう一方に基づいてサンプリングを行うことについて考えるために利用できる。例えば，22 が出，かつリックがテーブルの隣に立っていることに興味があるとしよう。新しいコレクティーフを分割し，22 の目が出たときにリックがいる場合を探索できる。ここで記号が助けになる。$rf($リック$)$ と $rf(22)$ は，それぞれ元のコレクティーフにおいて「リックがいること」と「22 が出ること」の極限相対頻度 (limiting relative frequency) を表す。そして $rf'(22|$リック$)$ を，「新たなコレクティーフをリックの存在によって分割した後の 22 が出る相対頻度」とする。したがって，リックがテーブルの傍に立ったときに 22 が出る極限相対頻度は以下のようになる:

$$rf'(22|\text{リック}) = rf'(22 \cap \text{リック})/rf(\text{リック})$$

これは少し書き直すことができる:

$$rf'(22|\text{リック})rf(\text{リック}) = rf'(\text{リック} \cap 22)$$

　いま，冷酷なリックが決してルーレットへ介入せず，彼の存在は 22 が出ることとはまったく関係がないとする。するとコレクティーフの分割は 22 が出る相対頻度に影響を与えない。$rf'(22|$リック$) = rf'(22)$ となり，リックと 22 は独立 (independent) である。

$$rf'(22)rf(\text{リック}) = rf'(\text{リック} \cap 22)$$

一般的に，そして特にこの例のような場合では，これは成立しない。独立かそうでないかは，確率の要となる点である（1.3.1.2でみていく）。

これでフォン・ミーゼスの体系の説明は完了した。ここからはそれに対する標準的な反論をみていくことにしよう。

1.2.5　フォン・ミーゼス解釈への反論

ここでは，フォン・ミーゼス解釈への反論について議論する。いくつかの反論は彼の解釈に特異的なものだが，このあと説明する頻度解釈へ適用できるものもある。反論のすべてを網羅的に取り上げるつもりはなく，重要なところのみを紹介するよう努力する。この点に興味のある方は，さまざまなバージョンの頻度主義に対する 15 の反論を紹介している Hájek 2009 を読むといいだろう[6]。

1.2.5.1　ヴィレの反論

1939 年，ジャン・ヴィレは，0 と 1 のコレクティーフでそれらが極限相対頻度 1/2 を持っているが，その任意の有限の始切片では極限相対頻度が 1/2 を超えるようなものが存在することを示した。このような列は，その有限始切片の中では"偏って"いる。ギャンブラーが常に 1 に賭ければ，どの最初の有限回でも勝ち越すだろう。ヴィレの教師だったモーリス・フレシェは，これをフォン・ミーゼスの体系の致命的な点とみた：

（ヴィレの結果）は，ミーゼスとウォールドの定義が，すべての規
則性を排除していないだけでなく，最も容易に認識できる規則の
うちの 1 つさえ排除できていないことを示すに十分なものである。
(Fréchet 1939: 21-2)

フレシェに続いてランダムネスについて述べた著者のほとんど
は，ランダムネスに関するフォン・ミーゼスの説明（と明らかに
彼の確率解釈）は完全な失敗だと宣言した。

　ヴィレの仕事からは，フォン・ミーゼスの解釈に対して 2 つの
反論が出てくる。まず，フォン・ミーゼスは，ランダムネスの直
観的概念を捉えることに失敗したようにみえる。2 番目にフォン・
ミーゼスは，確率の標準的数学理論（つまりはコルモゴロフの測度
論的公理化）が持つ性質を導くのに失敗したようにみえる（この
点に関しては 1.3 節および A.2 参照）。とりわけヴィレが作ったコ
レクティーフは，相対頻度の平均からの偏差に関連する諸定理に
反していた（特に重複対数の法則，A.5.2 参照）。コレクティーフは
あまりに規則的に振る舞い，そのためにこれらの定理を破ってい
るようにみえる。この 2 番目の反論は特に深刻な批判である。も
しフォン・ミーゼスが確率の通常の公理の土台作りに失敗してい
たのなら，あまりに高すぎる代償を払うことになるだろう[7]。

　第一の反論はそれほど強力ではない。標準的な数学的手順に
従って，フォン・ミーゼスは無限極限における収束を使って円滑
に機能する数学的理論を得た。つまり，ある賭け戦略によって常

---

[7] 興味深いことに，一般的な手順では，通常の確率の公理化は既に成功したものと
認めて，その基礎を与えようとする。異なる公理化を探求する研究は，異なる結果
を生み出すことになり，人気を得られない。そのため，確率の哲学においては自然
主義が幅を利かせているようである。

に有限金額儲けられたとしても，それは無限の儲けについて何か
を教えてくれるわけではない。フォン・ミーゼスの興味は無限の
儲けのほうにあった。なぜなら彼は，確率的な現象のモデル化を
望んでいたのだから。もし彼のランダムネス理論が，通常の公理
的アプローチの土台を提供してモデル化を実現したのなら，彼の
考えでは彼は成功していたのである。

　しかし，極限へと片側から近づいていく列［ヴィレが構成した
相対頻度が 1/2 よりも常に大きい状態で 1/2 へ近づいていく列］は，
実際に儲けることのできるギャンブルシステムを少なくとも直観
的な意味では可能にし，そのためフォン・ミーゼス（やウォールド，
チャーチ）のランダムネス定義はギャンブルシステムの不可能性
という概念を捉えることに失敗したのだ，という反対を受ける可
能性はある。この批判はシェイファーとウォフクによって行われ
た：「フォン・ミーゼスはヴィレの指摘を決して認めなかった。ギャ
ンブルシステムの不可能性へのフォン・ミーゼスの訴えは，明ら
かにレトリカルなだけであった。彼にとって頻度（ギャンブルシ
ステムの不可能性ではない）は常に，確率という概念の還元不能な
経験的な核として残された（Shafer and Vovk 2001: 49）」。

　しかしレトリックかどうかはともかく，フォン・ミーゼスによ
るランダムネスの特徴づけにより，コレクティーフにおける適切
な相対頻度が実際に確率であることが保証された。したがって，
ギャンブルシステムという概念をより強力な形で捉えることの重
要性に関する疑問には，議論の余地があるようにみえる（Howson
and Urbach 1993: 324 も同じことを指摘した）。

　2 番目の批判は，ヴィレの示したような列は重複対数の法則と
して知られる確率法則に反しているため，フォン・ミーゼスは確
率計算のための基礎の提供に失敗したというものである。重複対
数の法則（詳細に踏み込む必要はない）は列の振動に関する制約を

与え，それゆえ有限の場合でも先ほどのように儲けることはできない。ヴィレは，フォン・ミーゼスの解釈がそれを許してしまったことを示したようにみえる。しかしこれは単純に間違っている。ヴィレが記述した列は，フォン・ミーゼスの体系に関しては測度 0 を持つ。そのため，この体系の観点からは無視できる（Wald 1938, von Mises 1938 参照。測度 0 の説明は 1.3.2.1 および A2.3.1 も参照）。実際，重複対数の法則は，フォン・ミーゼスの解釈内でも証明可能である。なぜならフォン・ミーゼスの解釈も，標準的な公理的枠組みを導くのだから（例えば Geiringer 1969 の補遺，Lambalgen 1987a および 1996 参照）。同じ反論は，1.3 節で取り上げる標準的なアプローチに対しても可能なことにふれておくのは意味がある。その説明のなかでは，標本空間はすべての列（より強い理由からヴィレが示したような列を含む）を含む。そのため，このような列が存在するというだけでヴィレの結果が問題になるわけではない[8]。

1.2.5.2　エレガンス（またはその欠如）

　フォン・ミーゼスが確率定義を最初に試みたのは 1919 年のことだった。このころは数学において抽象性が増した時代で，数学者は公理化に忙しかった。例えば 19 世紀の後半には，幾何学は物理的直観に根差す煩わしさから解放されたと考えられていた。確率はずっと後ろを走っていた。コルモゴロフが 1933 年に決定的な公理化を提供したとみなされている。この公理化は，解析学の一部である測度論のなかに確率をどう組み込めばよいかを示した。そしてこれは現在，ほとんどの数学者の確率論観となってい

8　本節でのこの問題の議論はピーター・ミルンとの共同作業から得られたものである。

る。一方でフォン・ミーゼスは，確率を数理科学だととらえていた。フォン・ミーゼスにとって，確率とはある種の現象に関する理論であり，この理論は現実と何らかのつながりをもっていなければならないものだった。これは当時の数学者（おそらく現在でも）にとって，逆行のように思えた。実際，よくある批判は，フォン・ミーゼスは経験的なものと数学的なものを混在させてしまったというものであった（確率に対する数学的視点と応用数学的視点の間にある緊張関係への興味深い洞察は，ドゥーブの古典『*Stochastic Processes*』に対する D・V・C・リンドリーの 1953 年の批評でみることができる：「これは数学的に興味深い理論に関する本であり，問題の解決に関する本ではない……いくつかの他の内容を除けば，数学的操作それ自体が十分にアピールしていなかったならばこの本はかなり面白くない（Lindley 1953: 455-6)」）。

しかし，確率論はコルモゴロフの定式化による方がより簡単に議論できることは，ほとんど例外なく受け入れられている。ドゥーブはフォン・ミーゼスとの議論のなかで，フォン・ミーゼスのアプローチを"不器用で""柔軟性がなく""ぎこちない"と評した（von Mises and Doob 1941)。ドゥーブによると，フォン・ミーゼスは確率の解釈を与えたのであって（フォン・ミーゼス自身もこれを認めた)，これは確率の公理化とは切り離して考えるべきものである（フォン・ミーゼスはコルモゴロフの公理化のほうがよいということは認めなかった)。これは，この問題に対するコルモゴロフの視点と共鳴しているようにみえる。コルモゴロフは，彼（コルモゴロフ）の公理の解釈を相対頻度の視点から提供したのがフォン・ミーゼスだとしている（Kolmogorov 1933, 1963)。

ランバルゲン（Lambalgen 1987b: 16-17) とドゥーブが指摘したように，別の言い方もある。フォン・ミーゼスは彼（フォン・ミーゼス）の公理から確率を定義できるのに対し，一方でコルモ

ゴロフは，それ［フォン・ミーゼスの公理から出てくる確率の性質］を公理として仮定したというものである。したがって，一方は確率を説明する試みととらえることができ，もう一方は確率と呼ばれる何かを正確に述べる際に有用と思われる普遍性の，抽象的な数学的構造を提示する試みととることができる。フォン・ミーゼスは，この2つの差異に対する上記のような解釈を拒絶した。おそらくは応用数学者的な考え方ゆえであろう。またこれはほぼ間違いなく，彼の厳格な操作主義から出てきたものと考えられる（Gillies 1973, 2000 で詳しく議論されている）。

1.2.5.3　無限極限と経験的内容

　賢明な読者は気づいているかもしれないが，フォン・ミーゼスの確率は無限極限においてのみ定義されている。これは体系の応用性に深刻な制限をもたらすようにみえる。そのような無限の列を観察できるほど研究費は大きくないだけでなく，我々は生物種としてでさえそんな列を観察できるほど長くは生きられない。もっといえば，仮に無限の列を我々が観察できたとしても，コインは摩耗してどこかの段階でなくなってしまうだろう[9]。

　ありていにいえば問題は，我々が事象の無限列の始切片しか観察できず，事象の真の確率が何かを決して確認できないところにある。例えば，コイン投げの最初の 1000 回の相対頻度が 0.6 で，次の 100000 回の相対頻度が 0.4 で，ずっといって極限相対頻度は 0.5 だとする。これを妨げる数学は彼の理論にはない。したがって，フォン・ミーゼスの理論は経験的な意味合いを持たず，応用においては無価値にみえるというわけである。これは間違いなく，

9　有限時間内に無限の事象の列が生起するだろうか？　これはゼノンのパラドクスを考える際に発生する超越課題という疑問である（Laraudogoitia 2011 参照）。

現実世界の科学的理論化を意図した理論にとってはよろしくない結果である。

この批判に対しては多くの返答がある。まず，無限プロセスの極限は科学の多くの場面で発生しており，それらの科学はうまく機能しているというものである。例えば，物理学は微分法を使うが，微分は極限で定義される。加速度は変位の二次導関数として定義され，つまりここでも無限を使った定義が行われている。ハウソンとアーバックが指摘したように，極限をとって加速度を決定することは特定量をもたらし，これは観察と照合させて確認が可能である（Howson and Urbach 1993: 335）。しかし確率では事情が異なる。有限の観察は，いかなる確率の値とも矛盾しないからである（0や1という極例を除いて）。

ギリースは，フォン・ミーゼスは以下のように反論できることを指摘した（Gillies 2000: 101-3）。つまり，実際には物理学の多くの導関数の値が近似値であり，原則として単一の値に落ち着くわけではないという反論である。例えば量子的な現象では，無限極限の数学は実際の物理的状況とは一致していないかもしれない。しかしそれでも，無限極限の数学は有用である。したがって，観察と理論は非常に強く結びついているわけではないかもしれないが，役に立つ程度には結びついている。それでもギリースは，物理的な場合における理論と観察のつながりは正確には近似によるものであり，確率の場合は近似ではないことが，2つのケースの違いだと指摘している（デ・フィネッティに続いて）。確率の場合では，観察と理論の間の違いは理論に必要な部分である。観察された確率は，真の確率を近似するわけではない。相対頻度を定義するために使われる列の無限性によって，決してそうはならないのである。

この困難に対しては2つの反応が考えられる。まず，確率は多

くの場合で実際に落ち着く［収束して振動しない］というものである。ここまでみてきたように，これは正しく思える。しかし，大量現象の科学的理論の基礎となるには十分ではない。極限がいつ落ち着くかに関して述べる必要がある。2番目に，大数の法則（A.5参照）——確率変数の長期的振る舞いについての定理——が極限が素早く落ち着くことを示すだろうという議論がある。しかし，これは示されない。大数の法則は"ほとんど"の列が落ち着くことを示すものである。しかし扱っている列が収束する列の1つなのかどうか，我々にはわからない（フォン・ミーゼスは，相対頻度が素早く平均へと落ち着くことを大数の法則が示したとは考えていなかった。彼はこれらの法則を，既にみたように，相対頻度が収束することの数論的結果または経験的観察の言明とみなしていた）。

　フォン・ミーゼスはまた，すべての科学的理論には，無限極限の使用よりもさらに一般的な1つの問題があると指摘した。ある種の無限性はどこにでも顔を出すのである。例えば，ある物質の比重を決定することは，その物質すべてを調べなければいけないように思えるかもしれない。つまり物質のすべてを調べないならば，その物質が常に特定の比重を持っているとはいえないのではないか（von Mises 1957: 84-5）。あるいは，すべてのカラスを確認しない限りすべてのカラスが黒いかどうか我々にはわからないという，使い古された例もある[10]。この場合，カラスの数はおそらく有限なため，原理的には確認が可能である。しかし，砂粒の性質ならどうだろうか？　水分子の性質は？　すべてが確認できない場合，砂粒や水分子の性質について我々に何かいえるのだろ

10　ちなみに，すべてのカラスが完全に黒いわけではない。アルビノや白変個体のカラスがいるし，少なくとも白い首のシロエリオオハシガラス（*Corvus albicollis*）と白い斑点のあるシロエリガラス（*Corvus cryptoleucus*）という2種の例外がいる。

うか？　これは科学が間違いだということを意味しているわけで
はない。有限の観察と諸理論とを結びつける理論が必要なのであ
る。この点は，この懸案事項と取り組むためのカギとなる。フォン・
ミーゼスなら，大量現象の記述を意図した彼の理論を，どの大量
現象モデルが正しいかに関する推論理論から切り離すだろう。こ
れら懸案の一部に取り組む理論は，後の章で取り上げる（フォン・
ミーゼス自身は統計的推論のベイジアン的説明の支持者だった）。

1.2.5.4　単一ケース確率と参照クラス

　プロコプの話に戻ろう。彼はありがたくも近所の老人からも
らった白いパンと黄色いマスタードのハムサンドイッチを食べて
いた。舌で音を立てて口内の上の部分からパンをはがしながら，
保険会社が彼に適用する種々の確率はどれくらいだろうかと考え
てみた。彼は独身の若い男性である。肉を食べる一方で運動もし
ており，生活にそれほどのストレスはない。彼は１人の人間（an
individual）である。明るいピンクの革靴，彼女をイラつかせる
慎重なドライビングスタイル，幅広い知的興味，トカゲの愛好，
これらはすべて，ほとんど無限の彼の特徴リストの一部である。
しかし，このリストに載っているように，それぞれに生活を送り，
車を大破させ，肺がんにかかり，あるいは場合よってはそうでな
かったりするような，インスタンスとして生成された無限のプロ
コプ［ちょうどオブジェクト指向プログラミングでインスタンスを生
成するように］を想像できるだろうか？　答えは明らかにノーで
ある。プロコプは１人しか存在しない。プロコプによく似た人を
探すことはできるかもしれない。実際，これが我々のやっている
ことである。しかし，プロコプががんに罹る可能性（確率）を得
るためには，彼を再現・繰り返す必要がある。彼自身からなるコ
レクティーフを作る必要があり，他人ではだめなのである。これ

がフォン・ミーゼスにとって（頻度的な）確率が必然的に群についてのものとなった理由である。

　しかし個人に関する確率はどうすべきなのか？　プロコプはタバコをやめ，食べる肉を減らすべきなのか？　フォン・ミーゼスにとっては，これは意思決定にかかわる科学の問題である。このような科学に関する試みは 3.6 節で議論するが，そこで使われる理論はコレクティーフからの推論ではなく，個人の選択についてのものとなる。

　もう一度プロコプの話に戻ると，彼は驚くほど安いがまずい缶ビールでサンドイッチを流し込んでいた。彼は人生の不公平さを考えていた。彼は実際には前の彼女をイライラさせるほど用心深く安全運転を心がけるドライバーである。彼はタバコも吸うが，がんにならなかった多くの喫煙者がいたことを思い出していた（決まって持ち出される例はウインストン・チャーチルである。彼は大酒飲みのヘビースモーカーで，91 歳まで生きた）。そして実際に大金を抱えて去っていくギャンブラーがいる。なぜ彼ではないのだろう？　保険会社によれば，確率は大量の事象が持つ性質であるという。しかしそれら大量の事象は，他でもない彼とどのような関係があるというのか？　フォン・ミーゼスならこう言うだろう，「ない」と。そのような事象は，個人としてのプロコプとは何の関係もない。これは参照クラス（reference class）の問題として知られている。つまり，もし個人を特定すれば，コレクティーフは存在しない——それでは我々はコレクティーフをどのように特定するのか？

　参照クラスからは 2 つの問題が浮かび上がる。まず，個人を所属させる適切な参照クラスをどのように取り出すかを見つける手段が必要である。2 番目に，確率は個人に適用すべきだというぬぐい難い直観が残っている。

52

　第一の問題には，フォン・ミーゼスと彼の支持者は，「それは
異なる理論の問題だ」と言い返すことができる。科学が正しいコ
レクティーフ，例えば大量の社会的現象を選び出したとき，彼の
確率解釈は適用される。しかし，コレクティーフに含める個人を
選び出すことについての問題は，別の領域に属している。がんの
場合では，生物学が参照クラスを特定すべきである。そして，先
述してきた問題のように，分類の正しさの評価は推論理論の仕事
であって，大量現象を扱う理論の仕事ではない（思い出してほしい，
「まずコレクティーフ，次に確率」である）。

　2番目の問題についての反論は，以下のようになるだろう：「も
しあなたが保険会社をうまく経営したいと思ったら，カジノで大
金を儲けようと思ったら，あるいは物理学でガスを正確に記述し
たいと思ったら，いずれもあなたは個別要素には興味を持って
いない。あなたが興味を持っているのはグループ（group）であ
る」。この理論は，「特定のコイン投げで表が出る」や「特定の男
性が40歳で心臓発作で死ぬ」といった単一の事象へ確率を割り
当てたりはしないし，そもそもそういうことを意図したものでは
ない。フォン・ミーゼスにとって，確率は事象のクラス（≒集合）
に付随するものである。フォン・ミーゼスにとって，特定の男性
が40歳で心臓発作で死ぬ確率など存在しない。我々が得ること
ができるのは，諸男性が40歳で心臓発作で死ぬ確率だけである。
このような情報を使い，我々は個々の男性に対して保険料を設定
できる。この意味で，大量の事象に対して定義されたものであっ
ても，この理論は1人の男性に対する現実的な帰結を持つ。同様
に，我々がコインが表の確率について語るとき，それはコイン投
げの長い試行内での表の確率を意味している。

　次章では，単一ケースに対する確率を確立することを目指した
確率解釈，そしてフォン・ミーゼスの理論との関係を取り上げる

つもりである。しかしここではまだ，多くの教科書で見え隠れしている，より直接的にコルモゴロフの公理に根差す相対頻度解釈へと戻ろう。

1.3　コルモゴロフと相対頻度

　フォン・ミーゼスの解釈は，確率の "ボトムアップ" 的な説明だった。まず現象があり，コレクティーフの中にその抽象的な表現があり，そして確率がある。しかしほとんどの教科書は，"トップダウン" 的なアプローチをとっている。まず抽象的な理論を導入し，その後で興味ある現象の表現としてそれを解釈する。標準となる抽象的理論が 1933 年，コルモゴロフによって提示された。このフレームワークの中では，確率は特別な種類の測度（すなわち独立性という概念を伴う測度）として特徴づけられる。理論に出てくる様々な名称〔"確率変数（random variable）"，"期待（expectation）"〕が示唆するように，これらの量は未解釈である。しかし，頻度主義からみた，これら公理の自然な解釈がある。次にこの関係の非形式的な解説を紹介し，後半ではいくつかの特定例を扱う。

1.3.1　確率としての相対頻度：コルモゴロフの公理

　議論を公理の直観的説明から始め，測度論的フレームワークのより厳格な解説へと進んでいくことにしよう。次項では，相対頻度がどのようにあるバージョンのコルモゴロフの公理を満たすのかを示すつもりである。これは，頻度主義の説明に測度論的フレームワークを使用する動機付けに役立つ。このために 2 つのステップを踏む。まず未解釈の抽象的説明を提示し，そしてこの説明内でのフォン・ミーゼスの解釈に対するドゥーブの再解釈を記述す

る。続く項では，頻度解釈が抱える問題点に戻ってくる前に，ファン・フラーセンの様相的な頻度の説明を議論する。

　相対頻度とは単に，事象の起こる相対数のことである。1.2.2項で説明したように，興味を持つ事象の集合が標本空間である。標本空間を慣例と同じく Ω と呼び，A を Ω の要素とする。$n(A)$ は n 回の試行で A が起こる回数とする。最初の公理は，ある事象の確率は 0 以上の数をとる，である。すなわち，標本空間における任意の事象 A に対し，

　(1)　$p(A) \geqq 0$

である。明らかに $n(A)/n$ は任意の n に対してこの条件を自明に満たす。$p(A)$ は 0 をとることができる（A が「コイン投げで表が出る」の場合を考えてみればいい。コインを投げてもまったく表が出なかったら $p(A) = 0$ であるが，決して 0 より小さくはならない）。したがって，相対頻度は確率計算の最初の公理に自明に従う。

　2 番目の公理は，確実な事象の確率は 1 に等しい，である。この場合の「確実な事象」とは単に標本空間全体を意味しており，標本空間内の何らかの事象は必ず起こるからである。

　(2)　$p(\Omega)=1$

相対頻度もまたこの公理に従う。最も簡単な例は $\Omega = \{\,$表$\,,\,$裏$\,\}$ である。コインは表か裏かを必ずとり，Ω の要素は必ず起こる。先の記述に戻れば，いかなる任意の出来事も算入されるため，明らかに $n(\Omega)/n = 1$ である。したがってすべての n に対して $n(\Omega) = n$ となり，$p(\Omega) = 1$ である。

　最初の 2 つの公理はシンプルである。これらは確率が常に 1 と 0 の間をとることを規定している。3 番目の公理は特定の方法で確率を足し合わせるもので，確率に特別な性質を与える。同時

には起こらない 2 つの事象を考えよう。例えばサイコロを 1 回
振れば 1 か 6 の目が出るが，1 と 6 が同時に出ることはない。こ
こでサイコロには偏りがない，つまり繰り返し振った後，$n(1)/$
$n = n(6)/n = 1/6$ とする。このとき，1 または 6 が出る確率は
より大きくなるはずであり，分子で数え上げられるより多くの事
象が存在することになる。サイコロの 1 または 6 の目が出る回
数 $n(1$ または $6)$ は，もちろん 1 の目が出る回数と 6 の目が出る
回数を足したもので，$n(1)+ n(6)$ である。したがって，相対頻
度は $(n(1)+ n(6))/n$ となる。この論理立てから，排反事象の確
率を足し合わせる 3 番目の公理が導かれる：

(3)　もし $A \cap B = \emptyset$ なら，$p(A \cup B)=p(A)+p(B)$

より一般的に 3 番目の公理は，任意の相互排他的な事象の有限の
系の確率を足し合わせることができると言っている［$\emptyset$ は空集合
を表す］。ここで深くは追わないが，（相互排他的な）事象の無限
系の確率の足し合わせはどうなのかという疑問がある。つまり，
3 番目の公理は任意の可算集合に関しても成り立つものなのだろ
うか（補遺 A.2.4.1 参照）。

　我々が行ってきた直観的な議論は，無限の極限相対頻度に対し
ては技術的な理由から機能しない（この詳細には踏み込まない。こ
れら困難の説明に関しては van Fraassen 1980: 183-7 を参照のこと）。
我々がいま興味を持っているのはコルモゴロフの公理を相対頻度
の視点から解釈することなので，これらの困難に足を取られる必
要はない。しかし，無限の場合では，すべての極限相対頻度が確
率になるわけではなく，これら問題となるケースを排除するため
の理論が必要になる。

1.3.1.1　頻度主義的な条件付き確率

　ここまではいわゆる非条件付き確率の公理を記述してきた。し
かし，確率の最も重要な側面の１つは条件付き確率である。フェ
ラーの例を使いながら（Feller 1957: 104-5），頻度主義的な視点か
らこの概念を説明してみよう。ある母集団における色覚障害の人
の割合に興味を持っている科学者がいるとする。ここまで議論し
てきた解釈の下では，色覚障害の確率は $n($ 色覚障害 $)/n$ である。
しかし，ここでは女性の色覚障害者の確率を確認することに興味
があるとする。この場合の確率を定義する自然な方法は，対象を
女性の部分母集団に限定し，その中に女性の色覚障害者がどれだ
けいるかを確かめることだろう。換言すれば，$n($ 女性かつ色覚
障害 $)/n($ 女性 $)$ である。これは母集団からの２つの集合（女性，
色覚障害）の共通部分をみるのと同じことである：$n($ 女性 $\cap$ 色
覚障害 $)/n($ 女性 $)$。この確率の意味は，「女性だったときにその
人が色覚障害である確率」と言い換えられる。

　より一般的に，別の属性 B が起こったときに属性 A が起こる
確率は $p(A|B)$ で，以下で定義される：

(4)　$p(A|B) = p(A \cap B)/p(B)$，ただし $p(B) \neq 0$

この公理を条件付き確率の定義として扱う。条件付き確率は他章
でも出てくるが，その際にはかなり違う意味を持っているだろう。

1.3.1.2　独立

　独立性（independence）とは確率において最も重要な概念の１
つであり，確率の相対頻度的な視点を適切に理解するうえでは必
須のものである。互いに影響を及ぼさない２つの試行は独立であ
るといわれる。例えば２つのコインを投げるとして，コイン投げ
同士は互いに影響を与えない。独立を定義する１つの方法は，片
方でもう一方を条件付けしても結果は変わらないというものであ

る。すなわち，下記が成り立つなら A と B は独立である：

(5)　$p(A|B) = p(A)$

相対頻度の視点からみると，これは「B の部分母集団の中で A が起こった相対頻度が（もともとの A の相対頻度から）変化しない」ことを意味する。色覚障害の例を再び使う。現実世界とは違って性別と色覚障害は関連していないと仮定し，女性と男性の色覚障害者の可能性は同じだとする。ここで注意を女性（B）に限定しても，色覚障害者（A）の頻度は同じである。

　独立性は，独立試行という直観的概念を捉える厳密な手段として使うことができる。(5) 式は，1 つの試行の結果（属性 B の存在）が，もう一方の試行の結果（属性 A の存在）に影響しないことをいっている。(5)式が成り立つ試行は独立であるといわれる。なお(5)式は $p(A \cap B) = p(A)p(B)$ と書き直すことができ，独立事象の確率の掛け算となることが容易にわかる。フォン・ミーゼスの考え方では，独立はもちろん導出される概念である。結果，フォン・ミーゼスの体系内では異なる役割が導かれることになり，この違いは注目に値する。

1.3.2　測度論的枠組み

　測度論的なアプローチは，「測る」という馴染み深い概念の一般化を探索していることからこう呼ばれる。時に幾何学的直観は特定の結果を理解する助けになるとはいえ，ここであまり足を取られる必要はない。いつも通り，標本空間 Ω から始める。集合体（field of sets）として知られるもう 1 つの集合は，事務的に F とおく。これは興味あるすべての事象を含んでいて，以下のように構築できる：

(a) Ω は F の元である；

(b) A が F の元ならば，A の補集合 A^c も F の元である；

(c) A と B が F の元であれば，その和集合 A∪B も F の元である。

下 2 つの制限は，集合体が和集合と補集合を取る操作に関して閉じていることを保証している[11]。Ω のそれぞれの元は根元事象で，集合体の要素は事象である。以下では A と B は事象で，この集合体の要素であるとしよう。

次が確率関数を支配する公理となるが，これは慣例的に 3 つある。確率関数は以下の通り，集合体の要素上に定義される。

第一に，確率測度は非負である：

(1) $p(A) \geqq 0$

第二に，標本空間の確率測度は 1（unity）である：

(2) $p(\Omega) = 1$

第三に，互いに素な集合の確率測度は加算で計算できる：

(3) $A \cap B = \emptyset$ なら，$p(A \cup B) = p(A) + p(B)$

このような慎ましい出発点から，確率の数学的理論の全体系が構築できる。ここまでの理論は単に集合と，それら集合に数を割り当てる関数についてのものだったことに注意しよう（ここでは通常よりもシンプルなものを提示してある。(3) は通常，事象の可算の組み合わせをカバーするものへと拡張される：A.2.4.1 参照）。

我々はいま確率空間として知られる，標本空間，体，確率測度

11 　一般には複数の集合体が考えられるが，少なくとも標本空間と空集合を含む集合体は存在する。

の 3 つを手にしている。これが測度論的アプローチの基盤である。基本的な集合が特定されたら，ここから諸集合の集合が作られる。そしてこの諸集合の集合へと確率は適用される。

1.3.2.1　測度 0

このアプローチの非常に有用な点の 1 つは，測度 0 の集合の説明である。これは単に確率 0 を持つ集合である（確率関数は測度であり，それゆえこのような名前がついている）。特に，標本空間が非可算の要素を持つなら［さらに各要素の測度が 0 なら］，可算の要素のみを持ついかなる集合もその体に関して測度 0 を持つ（幾何学的直観を考えると理解の助けになるかもしれない。平面に対し，線は面積 0 を持つ。線は無限の長さを持つかもしれないが，面積の観点からは無視できる）。もし集合が測度 0 を持つなら，測度の観点からはそれは無視できる（し，無視すべきである）。確率的な法則は測度 1 で成り立つ。これは "ほとんどの" 集合に対して成り立つことを意味している。次項ではこの特徴付けの利用を取り上げる。

1.3.3　ドゥーブによるフォン・ミーゼスの再解釈

ドゥーブは 1941 年，測度論的フレームワーク内でフォン・ミーゼスの説明の再解釈を提示した。本項では二項試行に単純化した説明を行う（この制限は本当は不要である）。この解釈では，標本空間は試行の結果を表す 0 と 1 の無限列の集合である。$p(1) = r$ とおき（したがって $p(0) = 1 - r$），列の要素へと確率を割り当てる。そして確率を掛けることが必要となる。これは，独立した同一試行の無限列のモデルを提供する。この標本空間は非可算に大きく，そして任意の可算の大きさの要素集合は測度 0 を持つ［r は $0 < r < 1$ を満たすと仮定している］。

ドゥーブは2つの定理を取り上げ，それらは測度論が確率の正しい抽象的説明であることを示すうえで中心的な重要性を持つものだとした。1つ目の定理は，「標本空間で，1の相対頻度が収束しない諸列の集合は，測度0を持つ」ということである。これは，収束する諸集合のサイズに対しては，そのような標本のサイズはビリングスレイの言葉を借りれば"無視できる（neglible）"ことを意味している（Billingsley 1995）。2番目の定理は，「無限の部分列の相対頻度は，測度0の列の集合を除き，元の列の相対頻度と同じ」である。言い換えるなら，非ランダムな列は測度0を持つ。したがってドゥーブは，フォン・ミーゼスの収束とランダムネスの公理が，通常の測度論的フレームワークから導けることを示した（Feller 1957: VIII 章にドゥーブのアプローチの素晴らしい解説がある；Billingsley 1995: 27-30 には単刀直入な説明がある）。

反復的な同一の独立事象として解釈されるこの測度論的アプローチはおそらく，標準的な教科書が採用している解釈だろう（少なくとも少しでも解釈に触れている確率計算の本ならば）。この考え方が受けのいい理由は明らかで，数学的に非常にエレガントなのである。

我々は今や，フォン・ミーゼスの考え方が，多くの教科書でみられる考え方（つまり反復する独立事象の結果の相対頻度としての確率に対するもの）とどのように違うのかを見ることができる。教科書的なアプローチでは，独立という概念をランダムネスの代替物として使う。このアプローチでは確率は仮定されたものであり，無限列の性質は演繹されることに注意しよう。コルモゴロフが言ったように，これは，「確率という概念を基本的概念の1つとして扱わないが，それ自体が他の概念によって表現される」アプローチと対立するものである（Kolmogorov 1933: 2）。

1.3.4 ファン・フラーセンの様相頻度解釈

　ファン・フラーセンの様相頻度解釈は，形式的には教科書的な解釈と同じものである。しかし，その動機づけは異なる。ファン・フラーセン（van Fraassen 1980, 4.4 節）は出発点となる問題を，ハンス・ライヘンバッハの相対頻度解釈においた（Reichenbach 1949。解説に関しては Galavotti 2005）。ライヘンバッハの解釈はフォン・ミーゼスよりも制限の少ないもので，列がランダムであることを要求しなかった。ファン・フラーセンが指摘したように，このことは深刻な技術的難題をもたらした（1.3.1 で取り上げた素朴な相対頻度解釈で遭遇した類の）。しかし彼は，実際の頻度の観察を考慮に入れた解釈を与えることによって，ライヘンバッハのアプローチの特徴を維持したいと考えた。このような頻度解釈は，科学に対する彼特有の経験主義的説明を確立するために「現象を救う（to save the phenomena）」方法を記述しようという，ファン・フラーセンの目的にうまく合致した。

　基本的な考え方はシンプルである。確率は実際の事象（のモデル）から始まり，そしてそれら事象の複製の無限列へと拡張される。試行の繰り返しを考えれば，簡単にこれを行うことができる。実際の試行がコイン投げであれば，結果は標本空間 { 表，裏 }，あるいはより単純に {0, 1} によって記述される。繰り返しは自然な方法で表現される：2 回では {11, 10, 01, 00}，さらに {111, 110, 101, 100, 011, 010, 001, 000} 等々である。これらの集合はデカルト積である。試行の無限の繰り返しは無限のデカルト積に対応する。我々の標本空間は，すべてのこれら無限のデカルト積を含んでいる。これは単純に教科書的アプローチの標本空間であり，したがってこのアプローチでは確率計算の通常の機構を使用できる。

　様相（modal）とは，実際の事象の可能な拡張のモデルを構

築することに由来している（ここでのモデルとは論理的モデルである）。様相的な頻度解釈は教科書的解釈とより密接に適合し，デカルト積による元の標本空間の拡張を解釈する自然な方法を提供する。この最初の結果は，ありうる無限列がそこから作り出されることである。

1.3.5　コルモゴロフ的解釈の問題点

コルモゴロフ的な説明は，数学的にはエレガントであるが，フォン・ミーゼスの解釈と同様の問題を共有している。具体的に言うなら，1.2.5.3で紹介した経験的内容についての問題（ファン・フラーセンが1980年の著書4.5節のなかで直接取り組んだ論題である），そして参照クラスと単一ケース確率についての問題である（1.2.5.4）。また，いくつかの特有の課題もあり，つまりは確率を定義するために独立性を使うという問題点を持っている。

コルモゴロフ的解釈の第一の困難は，その循環性である。つまり，確率は一定の確率を持った試行という観点から説明され，それが相対頻度を生み出す。しかし，相対頻度は一定の確率（これは通常，相対頻度のみから説明される）の結果である。この循環論法を克服するために，次章で概観する傾向的アプローチをとることができる。ほとんどの教科書はこの経路をとらないが，次章でみるように，それにはもっともな理由がある。

第二の困難は，独立性に関するものである。一定確率を持った繰り返しの試行というアイデアには独立性が必要である。しかし，特段の取り決めをしない限り，独立性は魔法の概念のままである。そしてこの概念は，因果的な独立性の1つであるようにみえる。そのため，このような解釈は因果律の説明に依存することになるが，これは悪名高く厄介な概念である。さらに悪いことに，いずれにしても確率的な因果関係の説明が必要になるようであり，い

かなる因果律のうまい説明も確率理論と切り離せるかどうかが疑わしいようなのである（独立性とフォン・ミーゼスのフレームワークの問題に関しては，ハウソンが1995年の著作の3.1.1項で議論している〔Howson 1995〕）。

1.4　有限頻度解釈

　無限を避けることによって，そしてある事象の確率をその生起の実際の相対頻度として定義する有限頻度アプローチにこだわることによって，極限相対頻度の問題は少なくともある程度は解決されるのではないかと思われたかもしれない（このような解釈は“現実的な”頻度アプローチと呼ばれることがある。一方で，結果の無限列の理想化を採用するやり方は，“仮想的な”頻度アプローチと呼ばれる）。ただ私には，このような視点をとる人の明確な例は見つけられなかった（Hájek 1997では同意されていないが）。上述のようなアプローチは，ハイエクによって提示された重大な困難にぶつかると考えられる。例えばミスリーディングな初期標本は，ある属性に対して母集団の実際の相対頻度とはまったく異なる確率をもたらしうる。

　しかし，ピーター・ミルンは，有限の相対頻度は尊重すべき確率だという考え方もできると私に指摘した。例えば，チェコのマーホヴォ湖にいる魚のすべての種という標本空間を考える。湖内の種の実際の割合を割り当てることにより，ランダムサンプリングで特定の魚種が出る結果に確率を割り当てることができる。75%の魚がストライプドバスなら，特定の仮定の下でのストライプドバスの生起確率は0.75となる。我々は実際の頻度を知らないかもしれないが，それは統計的推論の問題である（例えば第3章で

の関連議論を参照)。この確率は公理に従い，おそらくは特定状況
では有用である——他の例としては投票選好性や，特定の商品を
買う意図などがある。それでも，このような有限の頻度は大量現
象についてのものではないかもしれず，それでは極限相対頻度解
釈や傾向解釈（次章で取り上げる）の代用にはならないだろう。

1.5 結 論

　この章では2つの有名な相対頻度解釈を提示した。それらが同
じ展望と問題を共有していることは明らかである。特に，双方の
解釈はある意味で不完全である。いずれの場合でも，一連の観察
とコレクティーフを関連させ，確率と諸要素をリンクさせること
に関しては，理論と証拠をつなぐ理論によって補う必要がある。
フォン・ミーゼスはこのことによく気づいていた。彼の理論は，
彼のものも含めた科学理論が適切に適用されているかどうか（あ
るいはそれが正しいかどうか）を判別する方法の記述を意図したも
のではなかった。この点はギリースの2000年の著作で強調され
ており，彼はフォン・ミーゼスの著書のドイツ語版第3版のまえ
がきを指摘している（Gillies 2000: 99）。続く章では，この必要な
関連をどう提供するかに関するいくつかの提案に取り組む。特に
次章では，確率を個々の要素へと割り当てることを意図した，異
なる確率解釈を取り上げる。

第2章
傾向説と
その他の物理的確率

　保険代理店へと戻ったプロコプは言った：「そりゃあ 24 歳の独身男の多くは乱暴な運転をするかもしれません。しかし僕は違う！　なぜ僕がそんなにお金を払う必要があるんです？」。確かにその通りである。多くの若い男が狂ったような運転をするという事実は，プロコプの運転について何を教えてくれるのか？　実は保険代理店の担当者は哲学の学位を持っていることがわかった。彼は，若い独身男性がより事故を起こしやすいことを説得力ある形で示す大量のデータがあると根気強く説明してくれた。プロコプは叫んだ，「不公平だ！　僕は祖母よりも慎重に運転している！」。担当者は肩をすくめて言った，「それをどうやって我々に確認しろと？　私たちはあなたが属している集団について知っているだけで，そしてその集団は乱暴な運転をする傾向があります」。ただある集団に所属しているというだけで高額の支払いに選ばれるのは納得いかないとプロコプは思った。しかもその所属は，自発的なものではないのである。

　プロコプは，彼がチェコ人であり，チェコ共和国の 1 人あたりの交通事故数はアメリカよりも少ないことを指摘したい衝動に駆られた（少なくとも 2004 年では：Economic Commission for Europe 2007: 8-9）。しかし彼は，保険数理的な長い議論に引きずり込まれる気もなかった。事故と関連する可能性のある交通問題のさまざまな報告制度に関し，EU 内でさえデータはきちんと整理されていないのである（Vis and Van Gent 2007）。彼は，保険会社は既婚男性より未婚男性に高いお金を要求するが，独身男性は死亡事故に巻き込まれることがより少ないという結果を示いくつかの研究を持ち出した（Kposowa and Adams 1998）。結局，彼は祖母のあだ名が "二輪のマルタ" だったことは言わなかった。これは，祖母の車がカーブを曲がるとき地面に接しているタイヤの数からつけられた称号である。したがって，そんな祖母より安全

に運転しているというプロコプの主張は，誤解を招くものではある。

　代理店は彼を珍しい人物とみなした。プロコプは，もし保険代理店が彼についてなんでも知っていたら，彼のことを同年代の独身男性より安全な賭けの対象だと考えるだろうと確信していた——彼が事故にあわない方へ賭けることをしない保険とはいったい何なのだろうか？　プロコプは，彼はユニークな存在で，1つの元からなる参照クラス（1.3.4項）に属していると信じていた（実際そうなのだ）。さらに彼は，彼が事故にあう客観的なチャンスというものが実際に存在し，それは祖母が事故にあうチャンスよりも小さいと信じていた。さらにいえば，それがいかに小さなものであっても，1回運転するごとの事故のチャンスが存在すると考えていた。つまりプロコプは，確率は反復する事象のクラスだけではなく，個々の事象にも適用できる必要があると考えている。確率がコレクティーフのようなものではなく個々の試行に属するという観点は，チャンスに関する頻度主義的な見方とは明らかに違う。本章では，確率に関するこのような別の見方を検討していく。

2.1　傾向解釈の構成要素

　相対頻度解釈の主要なライバルが，傾向（propensity）解釈である。この解釈はカール・ポパーによって最初に明示的に導入され，この名前がつけられた（Popper 1959）。しかし，この解釈には多くの（実際のところ傾向解釈を論じた著者よりも多くの）多様性がある。したがって，どんな定義づけも不完全なものになる。それでも，この解釈の核となる内容が存在するようである。まず，

傾向解釈は"客観的"で，純粋に認識論的なものではないといわれている（少なくともこのような区別が可能な範囲では）。2番目に，確率の（完全に）満足できる解釈の提示に際して，相対頻度的なアプローチをとらない。3番目に，確率をある種の性質である傾性（disposition）としてとらえる。最後に，1度きりしか起こらない事象の確率，つまり単一ケース確率（single-case probability）があると考える。

2.1.1 傾性としての確率

　プロコプは固有の存在である。彼を完全に記述すれば，彼を彼固有の（彼1人だけの）参照クラスに置くことになる。彼はまた，彼が自動車事故にあうチャンスが存在すると考えている。しかもそれは客観的なチャンスで，すべての関連情報が与えられれば，そのチャンスがどの程度の大きさか誰もが同意するようなものだと考えている。そしてそのチャンスは，保険会社が彼とひとまとめにしたグループのそれと同じではない。

　彼が事故を起こす確率とは，世界の特性の1つである彼についての事実であり，これは世界のその他特性に依存するとプロコプは考えた。例えば，彼の車が壊れるチャンスは，道路の状況，彼の気分，天気，そして道行きの安全に影響を与えるその他多数の要因に依存している。プロコプは，このチャンスは彼が属しているクラスについての事実だとは考えていない。そういうわけで，実際には彼が決して事故にあわないとしても，それでも彼が事故を起こす客観的なチャンスは存在するという見方をしている。そしてそのチャンスはおそらく，彼の道行きごとに異なる。個々の旅におけるそれを明確にするのは非常に難しいが，それでもそれは客観的なチャンスである。

　プロコプのこれらの直観は，傾向説的視点の核となるものを示

してくれる。傾向理論の支持者によれば，確率は事象の生起をもたらすさまざまな特性と関連している。確率と事象の反復との間には，（仮にあったとしても）間接的なつながりしかない。特に，事象が持つ特性は，特定の方法で表出する事象あるいは事象群の傾性（例えば1回のコイン投げ，あるいは一連のコイン投げで表が出る）を導く。つまり，特定の結果が起こるという傾性を導く，諸状態の集合が存在する。これを表す標準的な言い方は，「確率とは生成条件と結果との間にある関係性だ」というものである。つまりは結果の無限長の列の関係性ではない。確率は試行を行う設定状況の性質であり，ゆえに客観的なのである。

　この解釈の下では確率とは傾性であり，ある状況が与えられたときに起こる結果についてのものである。さらにいえば，たとえ状況そのものが決して起こらなかったとしても，その傾性が生起させる結果に対するものである。もし私の手の中のコインが投げられる前に鋳潰されることになったとしても，傾向主義的な視点からは，それでもそのコインは投げられたときに表が出るチャンスを持っている。水の中に放り込まれることがなくても，塩は水に溶ける傾性を持つのと同じようなものである。

　傾向はコインのような"物体"の性質ではなく，コイン投げのような"試行"の性質であることには注意すべきである。これには，コインと，コイン投げが行われる環境と関連するあらゆる要素が含まれる。もし，あるコインを魔術師マーリン（今週だけこの町にいる）が投げれば，その結果はヤルダが投げた結果とは違うものになるだろう。局所磁場の驚異的な利用なのかイカサマを使うのかは知らないが，マーリンはともかく望んだようにコインの裏表が出せる。コインの表または裏が出るチャンスは，コインのみで決定されるのではなく，コイン投げが行われる環境によって決定される。この解釈では，確率は結果の相対頻度によって決

定されるわけではない。

2.1.2 単一ケース確率

　傾向説的アプローチの支持者はこう考える。私のポケットの中のコインは次のコイン投げで表が出るチャンスを持ち，このチャンスが確率（表または裏が出る傾性）である。次節でみていくが，この例には実のところ問題がある。そこでもう1つの典型例，放射性崩壊を取り上げよう。単一ケース確率の存在を信じる主な動機は，何かが起こる客観的なチャンスがあるようなのだが，反復という概念に意味がないような場合からもたらされる。この代表例が放射性崩壊である。

　放射性原子の核の中には，不安定な力の振る舞いが存在する。したがってそれらは性向，つまりは傾向を持ち，分裂し（通常は崩壊と呼ばれる），放射線（粒子）を放出し，その後により安定な別の元素を残す。放射性同位体はその半減期で特徴づけられる。半減期とは，ある量の同位体が崩壊によって半分になる時間のことである。これは自然に，個々の原子に対するものと思われる確率を導く。もし，ある同位体の半減期が1日なら，ある日の終わりまでにこの原子が崩壊する確率は 0.5 である。

　デヴィッド・ルイスも 1994 年，客観的な単一ケース確率が存在すると考えることが非常に直観的であることを示すために，放射性崩壊の例を使った。ここではアンオブタニウム [346]［直訳すれば「手に入らないもの」という名前を持つ架空の物質］という放射性元素を想定する。アンオブタニウムは作り出すのが非常に難しく，未来も含めた宇宙の全歴史のなかでも数原子しか存在しない。もちろんアンオブタニウムは半減期を持ち，崩壊確率が付随する。他のより一般的な放射性崩壊の例とは異なり（例えばウラン同位体の原子は実質的には無限である），この崩壊は大量現象ではない。

そのため，各原子は特定時間における傾向，つまり崩壊のチャンスを持つとみなし，電荷や質量といったその他の特質リストにこのチャンスを加えることは非常に自然に思える。これは，確率を個々の要素が持つ性質ではなくコレクティーフの性質とみなす相対頻度的な視点とは対照的である。崩壊のチャンスは，個別要素のチャンスである。

これでプロコプが持つ考えと一致する，傾向説的視点の基本的な内容が手に入った。確率は，ある設定状況において起こる結果の単一ケースに対し，客観的に決定できる傾性（チャンス）である。この傾向説的な解釈は非常に直観的に思え，この直観性を維持できれば都合がいい。しかしこれからみていくが，これは非常に困難な課題だとわかっている。

2.2　傾向解釈の問題点

傾向説的な説明はいくつもの厳しい困難に直面するが，以下の節ではその一部を取り上げていく。まず，ジレンマとして表現される存在論的な問題がある。つまり単一ケース確率は，ある種の参照クラス問題を生じさせるか，非決定論へと我々を連れていくことになる。このジレンマに対する通常の反応は，非決定論と"宇宙的参照クラス"を受け入れるというものである。しかし，このことは深刻な認識論的問題を導く。傾向の数値を決定することが，原理的に不可能なようなのである。傾向的な観点は，やはり非決定論へと行きつく。第二に，傾向が因果の強さの測度であり，標準的な確率計算に従うという考え方は，視点次第でパラドクスあるいは矛盾にぶつかる。第三に，傾向を確率とすべき理由が存在しないように見える（しかしその場合には物理学における確率の説

明としては機能しない)。最後に，これら問題を回避できるかもしれない単一ケースに対する傾性的確率の1つの解釈があるが，これは実際には単一ケース確率を生み出さず，一部の相対頻度解釈と異なるものではないように見えるのである。

2.2.1 非決定論と参照クラス

　ハウソンとアーバックは以下のような議論を行った（Howson and Urbach 1993）。我々は永遠に投げることのできるコインを持っており，表が出る相対頻度は 0.5 だとする。さらに，いくつかのパラメータが与えられた場合，コイン投げの結果を確実に予測できるという仮定をおく[1]。では，このコインの表が出る傾向は何か——つまり 0.5 なのか 1 なのか？　ハウソンとアーバックが指摘したように，これは参照クラス問題である。しかしこれは通常のものよりもずっとタチが悪い。もし諸状態が傾向を決定するのなら，我々は確率を決定するためにその諸状態を抽出しなければならない。つまり，我々は諸状態の完全な集合か（この場合の確率は 1），相対頻度を与える諸状態の集合か（確率 0.5），どちらかを選ばなければならない。

　この困難に対する1つの回答はミラーに従うもので，「参照クラスを排除する」であった（Miller 1994: 182）。ミラーにとって参照クラスとは，その時点での宇宙の試行の完全な状態である：

1　実際のところ，魔術師マーリンは存在する。ダイアコニス，ホームズ，モンゴメリーは 2007 年，コイン投げを行う機械の構築について詳述した。彼らはコイン投げの物理学に関する多くの分析を調べ，「コイン投げは "物理学" であって "ランダム" ではない」と結論した（Diaconis, Holmes, and Montgomery 2007: 211）。ハッキングは，ほとんど常に片側が出るコイン投げを学ぶことができると主張した（Hacking 2008: 25。私はこれをピーター・ミルンから教えてもらった）。それでも，投げたコインをキャッチせず床でバウンドさせれば，マーリンは目的を達成できない。バウンドは結果の計算を不可能ではないにしろ相当に難しくする。

厳密にいうと，すべての傾向（絶対的なものも条件的なものも）は，
ある時点での宇宙（あるいは相対論でいう光円錐）の完全な状況を
参照していなければならない。傾向は，類似した他の状況ではなく，
今日の状況に依存している。(Miller 1994: 185-6)

これで，ある種の参照クラスからの矛盾は発生しない。しかし
これは，別の 2 つの問題を生む。

まず，明らかな問題として，我々は宇宙の状態を決して完全に
は知ることができない。そのため，この理論は経験的内容をまっ
たく持たない（Gillies 2000: 126-9。本節で扱う内容の多くはギリー
スの議論によっている）。この問題には次項でまた戻ってくる。そ
して経験的内容と関連する 2 つ目の問題もある。つまり決定論
の問題である。もし決定論が正しく，参照クラスを宇宙の完全な
状態としてとらえることができ，宇宙の状態が結果を決定するの
ならば，いかなる結果の傾向も 0 か 1 になるはずである。よっ
てこの傾向説的なアプローチをとるには，非決定論か決定論かの
問題に先に答える必要がある。これを "バグ" とみる人もいるし
（Howson and Urbach 1993: 341），"仕様" とみる人もいる（Giere
1976: 344）。とはいえ，決定論が正しいのなら，傾向解釈は物理
科学における確率解釈としては機能しないだろう。

しかし，決定論に傾く結論を出すことを避けようとして全宇宙
を考慮に入れないならば，参照クラス問題が出てくる。ここで
フェッツアーに倣い，極大的な［極大＝局所的に比較できるものと
比べて大きい。最大＝すべてと比べて大きい］明示を要求すること
が可能かもしれない（Fetzer 1981: chapter 3）。ここでの傾向の参
照クラス，つまり生成条件は，いわばその事象の傾向の決定に十
分な条件と法則の極大的な集合である。そのため，例えばコイ

ン投げに対するこの集合は,「私の娘のお気に入りのコートの色」
は含んでいないかもしれない。もちろん,私の娘のコートの色に
関する情報は,コイン投げの問題を解決しないだろう。決定論的
世界では,すべての関連原因が決まればコイン投げの結果は完全
に決定されるからである。

　参照クラスの決定については,さらに多くの議論がある(例え
ば Gillies 2000: 121-3 参照)。ギリースは,極大の参照クラスが決
定できる場合でさえ,それは唯一である必要がないと主張した。
つまり,複数の極大参照クラスが存在しうる。

2.2.2　経験的内容

　限定的だが極大の参照クラスというアイデアは,経験的内容に
関する問題に対して有効であるように見える。少なくとも宇宙の
全状態を(必ずしも)知る必要はなく,コイン投げに影響を与え
る可能性のある,対処可能と思われる一部分だけを知ればよい。
しかしこの場合,何が"関連する法則と条件"なのかを決定しな
ければならない。客観的確率の先立つ理論なしにどのようにこれ
を行えばよいのかは明らかでない。むしろこれこそがまさに,確
率の決定に必要となる理論ではないかと思える。

　この問題へのもう1つのアプローチ方法は,説明(explanation)
という観点からのものである。もし参照クラスを全宇宙とみなす
なら,特定の確率的出来事の説明はまったく無意味なものとなる。
「なぜそれは起こったのか?」「宇宙がそうできているからだ」。
しかし,ある出来事を導く宇宙の断片を分離することによって説
明的内容を増やそうと試みれば,やはりなぜそれら断片を説明に
組み入れたのかを説明する必要に迫られる。しかしこの説明は確
率的なものであるだろうし,確率的な理論を必要とする。再び,
これこそが傾向解釈の提供しようとするものである。

　まとめると，認識論的なものと存在論的なものの2つの問題がある。傾向説における参照クラス問題は，宇宙的あるいは極大参照クラスを考えれば避けられる。しかしこれは，もし宇宙が決定論的なら，非自明な確率は存在しないことを意味している。この望ましくない結果を避けるために，傾向理論は宇宙が非決定論的であることを仮定する必要がある。しかし認識論的な問題，すなわち宇宙的あるいは極大参照クラスによって持ち込まれる経験的な負担という問題も存在する。確率を決定することは，宇宙の状態を決定することである。宇宙の小さな一部分を考えることによって認識論的問題を削減しようとすれば，我々はどれが一部分なのかを特定せねばならず，参照クラス問題が再提出されることになる。これらの問題は1つのジレンマ形成とみなすことができる：「もしいかなる参照クラスも持たないことを選ぶなら，我々は支えきれない認識論的重荷を背負う。しかし，もし宇宙的参照クラスを持たないことを選ぶなら，我々は参照クラス問題を解決する必要に迫られる」。ハイエクは，ある種の参照クラス問題は，実際には本書で扱うすべての確率解釈を苦しませていると主張した（Hájek 2007）。3.8.2項では主観的解釈に対するこの1例をみることができる（ハイエクはまた，形而上的な参照クラス問題と認識論的な参照クラス問題を区別した。ただし，少なくとも存在論的には異なる目的のために）。ここで，相対頻度解釈も現実的な意味を持たない説明という同様の問題にぶつかると繰り返しておくことには意味があるだろう（これは1.2.5.3での議論の枠組みとなるもう1つの方法である）。

　さらに，"確率計算"と"傾向という概念"の結びつきに関する別の種類の問題が存在する。次項では，この2つが実はまったく結びついていないのではないかという批判を取り上げる。

2.2.3　ハンフリーズのパラドクス

　傾向とは傾性である。これがこの解釈のスタート地点である。そして"条件付き傾性"と"非条件付き傾性"がある。非条件付き傾性の例は，放射性原子の崩壊である（これはいかなる既知のプロセスによっても影響を受けない）。しかし，条件付きの傾性も存在する。例えば塩は，水の中に入れると溶けるという傾性を持つ。暑い日には，プロコプはビールを飲むという傾性を持つ。傾性は原因と密接に結びついている。ある背景的条件が成り立つと，ある傾性が現実化する（塩が水に溶ける，ライトがつく，ハロルドが死ぬ）。ここで，「塩の溶解は特定の条件（適切な濃度や温度の水の中に入れられるなど）の存在／非存在に起因する」と言うことができる。したがって傾向を，「ある種の弱い因果論的傾性」と考える人もいる（Giere 1976: 321-2）。

　これは自然に，チャンスを，ある条件が与えられたときに何かが起こる傾性として表現することを導く。つまり，我々には条件付き傾向が必要である。傾向解釈の要点は，科学における確率使用の基盤の提供にあったことを思い起こそう。したがって，条件付き傾向を条件付き確率として表現することは自然な操作である。そしてこれは興味深い問題を導く。暑い日にプロコプがビールを飲む傾向が実際に（そしてかなりの強さで）存在したとする。よって，暑い日にプロコプがビールを飲む確率が存在する。しかし，「暑い日にプロコプがビールを飲む確率」からは，「プロコプがビールを飲んでいたときに暑い日である確率」を引き出すことができる。確率は因果関係を表すという傾向説的な考え方をとるなら，ビールを飲むことはどのようにしてか暑い日であることの原因であり，すなわち暑い日という傾性に寄与しているようにみえる。我々はまだ矛盾を抱えてはおらず，これは"単に"パラドクスなだけである。我々は意外な，傾向解釈の支持者にとっては

不愉快な結果を手にしている。つまり, プロコプがビールを飲む
ことが天気に影響を受けるなら, 同様に彼がビールを飲むことは
天気に影響を与える。これが, 1985 年にハンフリーズによって
紹介されたあるバージョンのハンフリーズのパラドクスの骨子で
ある。

　実際の数値を使ってパラドクスを議論してみよう。「ビールを
飲むこと」と「暑い日であること」の非条件付き傾向がわかって
いる (あるいは全確率の定理を使ってこれらの値を計算できる〔補遺
A.2.5 参照〕) と仮定する。そして,

$$p(A|B)$$

を B が起きたときに A が起きる傾向とおく。さらに,

$$p(\text{ビールを飲む} \mid \text{暑い日}) = q, \quad q > 0.5$$

とする。これは, 暑い日はプロコプがビールを飲む傾向を増加さ
せるということである ("ビールを飲む" は "2010 年 8 月 15 日午後
4 時にプロコプがビールを飲む" を略したもので, "暑い日" も同様に
考えてほしい)。
すると,

$$p(\text{暑い日} \mid \text{ビールを飲む})$$

が, ベイズの定理 (補遺 A.2.5) を使って計算できる:

$$p(\text{暑い日} \mid \text{ビールを飲む}) = \frac{p(\text{ビールを飲む} \mid \text{暑い日})p(\text{暑い日})}{p(\text{ビールを飲む})}$$

　ここで「ビールを飲むことと天気の一般理論」によって, 次の
値が決定できると仮定する:

$p($ ビールを飲む $|$ 暑い日 $) = 0.95$

$p($ 暑い日 $) = 0.6$

$p($ ビールを飲む $) = 0.7$

すると,

$p($ 暑い日 $|$ ビールを飲む $) = 0.95 \times 0.6/0.7 = 0.81$

したがって，ビールを飲むことは天気に強い因果的影響を持つようにみえる。

このような結果を避けるために，明白と思えることを要求できる。つまり，「ビールを飲むことが原因で暑い日は起こらない」。これを確率的に表現しようと試みれば，以下のような仮定となる:

$p($ 暑い日 $|$ ビールを飲む $) = p($ 暑い日 $|$ ビールを飲まない $)$
$$= p($ 暑い日 $)$$

これらの等式には別の含意がある。これを導くために，条件付き確率の定義，そして「ビールを飲む」と「暑い日」が独立であるという事実を使っているのである。つまり，もし $p(A|B) = p(A)$ なら，$p(B|A) = p(B)$ ということを使っている。

しかし，このような独立の原理を加えることは，確率の割り当て矛盾を導く。なぜなら，

$p($ 暑い日 $|$ ビールを飲む $)$

が 0.81 と 0.6 (独立の原理と確率の最初の割り当てから) の両方となるからである。

この矛盾の原因は明らかである。確率は可逆的だが，因果関係はそうではない (少なくとも一般的にはそうでないものとして，常

にではないにしろ認められている）。もし条件付き確率を $p(A|B)$ と一方向から定義する方法で制約しようとすれば，同様にその逆方向の定義が行われる（例えば $p(B|A)$）。しかし，因果には時間的な順序がある。したがって，上のような矛盾を避ける明らかな方法が思い浮かぶ。確率を定義する事象に時制を設定するのである。

　時制の導入に技術的な障壁はなく，単に事象の添え字を持ち込めばいい。時間 t_0 における暑い日が存在し，その後の時間 t_1 にプロコプがビールを飲むことを導く。

$p(t_1$ にビールを飲む $| t_0$ に暑い日 $) = 0.95$

しかしこれは十分ではない。まだ下記が計算できる：

$p(t_0$ に暑い日 $| t_1$ にビールを飲む $) = 0.95 \times 0.6/0.7 = 0.81$

　傾向を因果と考えるなら，これは特に明快な方法で逆方向の因果を与えているようにみえる。いかなる条件付き傾向も，逆の因果と関連するであろうことも明らかである。もちろん，（この種の因果的な）傾向を確率計算によって表現したい場合には，これは問題となる。実際ハンフリーズは，確率計算は傾向を表すためには使用できないことを示すためにこの議論を行った。ほとんどの文献は，彼のパラドクスは傾向説的な視点には致命的な欠陥があることを示したという逆の見方をとっている。

　同様にピーター・ミルンは 1986 年，条件付き確率を因果的影響の測度としてとらえることの非常にシンプルかつ破壊的な反例を提示した。公平なサイコロがあるとして，以下を考える：

$p(6 \mid$ 結果が偶数 $)$

　ミルンは，確率を因果的なものだと考えるこのような傾向的解

釈に従うならば，確率が1/3になりえないことを指摘した。もし出た目が偶数なら，結果は2か4か6である。しかし，2と4という結果は6とは両立しない。そのような不可能な結果の確率は0である。一方で明らかに，6の場合には条件付き確率は1となる。そのため，もし因果的結びつきがあるなら，条件付き確率は解釈不能となるように思える。生成条件は結果を確定させるか不可能にするからである。いずれにせよ，「偶数の目が出ることは，6の目が出ることに因果的影響を持つ」という主張はかなり奇妙に思える。繰り返そう。傾向解釈は，単一ケースのチャンスとしての確率に説明を与えることを想定している。これは，チャンス間の因果的な（あるいは因果様の）結びつきとしての条件付き確率という概念を導く。しかしミルンは，いかなる意味でも因果的ではない，しかし数学的には完全に妥当な条件付き確率を提示した（実際，この種の確率計算の例は回答すべきものとして考案された）。

　ハンフリーズのパラドクスは膨大な文献を生み出した。それらを見渡そうとすることには，膨大な傾向アプローチを見渡そうとするのと同じ困難がある。しかし幸運なことにHumphreys 2004に素晴らしい概観があるので，興味ある読者のために紹介しておく。さらに，このパラドクスに対する注目に値する1つの返答がある。この返答は，傾向解釈を修正する方法か，傾向解釈が決して修正できないことのどちらかを意味するように見えるのである。

　ハンフリーズのパラドクスは，確率計算の時制的解釈から発生する。原因あるいは条件が最初に起こると，その後にその影響が何らかの確率で起こる（つまりあることが起こる傾向を持つ）。しかし，傾向アプローチにおける条件付き確率を，時制を伴わないものとして扱うこともできる。この意味では，すべては現在の事象への言及となる。つまり確率関数の定義域は，今現在のすべて

の事象である。この現在の事象は，未来において特定の展開を導く傾向を持ち，現在時点の立場から記述される。したがって，「ビールを飲む」が与えられたときの「暑い日」である確率は，片方がどのようにもう一方の原因となるかではなく，現在時点でどのように両方が一緒に起こるかを表している。この確率は，未来の予測にも利用可能となる。ハンフリーズはこの返答を Miller 1994 と McCurdy 1996 に帰し，同時生成視点（co-production view）と呼んだ。

　同時生成視点のもう1つの表現方法は，「条件付き確率は，ある傾向のもう一方への影響を直接的には表さない」というものである。これはハンフリーズが指摘したように，条件付き確率は条件付き傾向ではないことを意味する（条件付き傾向が，条件を与える事象の影響とみなされる場合には）。ハンフリーズはこれを，先のような傾向解釈に反対する議論とみなした：

　　単一ケース傾向の主要な訴えは常に，試行の結果から，それら結果を生み出す物理的傾性への強調の移動にあった。条件付き傾向を2つの絶対的傾向の関数として表すことは，同時生成視点が行うように，傾向に内在する傾性が条件因子によって物理的に影響されることを否定することである。これは根本において，条件付き確率は存在するが，それは絶対的傾向のみだという立場をとることである。(Humphreys 2004: 275)

　しかし，傾向の因果的特徴の否定はパラドクスを避けることにつながり，一定の魅力を残しているかもしれない。ただしここでもピーター・ミルンは，私信において次の問題を提起した。未来の事象の傾向を，未来ではなく現在の傾向として理解することを受け入れるとすれば，未来の事象がいったん起こったらその傾向

はどう理解すべきなのだろうか？　傾向が条件付けと一致して変化すると仮定することは自然だろう——未来の事象の条件付き傾向は，その時点で絶対的傾向となるのである。しかしこれでは，いま傾向は未来の傾向ではないが，未来における傾向でもあるという考え方が再び提出される。そして，傾向は時間につれて変化するという概念が再度導かれることになり，ハンフリーズのタイプの問題に戻ってしまう。逆向きの条件付き確率はいまや時間を遡るものとして解釈されるからである。

2.2.4　なぜ傾向は確率なのか？

　多くの傾向説の理論家たちが行うように，傾向が世界の固有成分であり，特定の関連原因を持つ特定の物理的状況から生起するものだというアプローチをとるとしよう。その場合，それら傾向をなぜ確率とすべきなのか［つまりコルモゴロフの公理を満たすのか］を確かめることは非常に困難である。実際，そうではないと主張する研究者たちもいる（特に Fetzer 1981）。しかしそれでは，放射性崩壊の確率のような，科学で実際に使われている確率解釈を取りこぼしてしまうことになるだろう[2]。これは傾向解釈が，物理科学において使われる確率を完全には説明できないようであることを意味する。しかし物理学は，傾向としての客観的確率に関する最良の候補例を見出した場所である。加えて，我々はこれらの概念，つまり傾向がなぜこの形而上的議論の中に持ち込まれたのかに関する説明も欲したままである。

　メラーによる１つの返答は，それが確率を扱う最もシンプルな

---

[2]　科学におけるすべての確率がコルモゴロフの公理を満たす必要があると言っているわけではない。例えば量子力学は異なる公理体系を必要とし，異なる統計力学さえ必要とする場合がある。あるバージョンのハンフリーズの議論がこれら体系に適用できるのかという疑問はある（これを指摘してくれた匿名査読者に感謝する）。

方法であるため，傾向を確率ととらえるというものである（Mellor 2005: 57）。しかしこの態度は，「最もシンプルな説明が最もよい解釈である」ことを仮定している（これに関してメラーは議論を行っていない）。2 つ目にメラーの返答は，"最もシンプル" が意味することに関する問題を惹起する。傾向を表すために選択可能な無限に多くの関数がある。なぜ確率を使うのか？　おそらくメラーが言いたかったのは，確率関数へと応用できる多くの関数が存在するということである。そして実際，最も使いやすいとされる確率関数を多くの人が見出した。これは正しい（そして主観的確率に関するコックスの議論において中心的な重要性を持つ：3.7 節）。しかし，ある疑問が生まれる。なぜ確率へと応用できる関数を選ぶのか？　他にも，確率へと応用可能ではない多くの扱いやすい関数が存在する。したがって，それら他の関数ではなく確率を使用することに対する論証が必要である。

2.2.5　傾向は相対頻度か？

しかし，確率と傾向の関係に対する疑問は，傾向と相対頻度の間の関連も未解決のままにしてしまう。例えば，試行が行われる正確な条件が反復できるとは非常に考えにくいように思える（"正確な条件" が宇宙の状態を意味しているのならば）。実際，"すべての関連する因果的状況" というより弱い解釈でさえ，かなり現実的ではない。したがって，反復的な試行という概念を実現させるためには，そして相対頻度という概念を実現させるためには，"正確な条件" という要求を緩和させる手段を見つけることが必要である。純粋に客観的なフレームワーク内でこの要求をどう緩和するかは，当然ながら参照クラスの問題となる。

しかしここで，試行の繰り返しで何が重要かという問題を解決したと仮定しよう。その場合，我々はおそらく非自明な相対頻度

（0 から 1 の間）を得ているだろう。これは，傾向から相対頻度をどのように得るかを示していると思われる。しかしここでも再び，特定の値へと収束する相対頻度は得られない可能性がある（おそらくそれらはさまざまな値の周辺で永遠に振動するのだろう）。フォン・ミーゼスは収束を自明のことと考えた。しかし自然は，収束を与えてくれない場合もある。したがって，傾向は相対頻度と関連しない可能性がある。科学で使われる確率の解釈を提出しようというのが我々の狙いとすれば，これは結論としてはかなり不都合なものに見える。

メラーは 1971 年，この問題（と他の多くの問題）を解決する，傾性（disposition）としての傾向に関する 1 つの説明を提示した（Mellor 1971, chapter 4）。傾向は，「適切な条件が与えられると時に現実化し，あるいはそうでない場合もあるといった類の，不完全な種類の傾性ではない」という主張である。つまりメラーは，性向（tendency）と傾向（propensity）を区別した。性向は不完全な傾性である。適切な条件が与えられた際，傾性は時に現実化し，常に現れるわけではない。例えばコインは，適切な条件が与えられれば時に表が出る性向を持つ。これは確かに，「条件が与えられれば時に現実化する傾性」という傾向の 1 つの考え方を捉えており，性向の強さを確率として考えることができる。しかしメラーが指摘したように，性向という概念はそれ自体の説明を必要とする。そして非循環論法的な説明がどうすれば可能なのか，知ることは困難である。我々は性向を，傾向概念との関連から説明する必要があると思われるためである。

メラーは実際には傾向を完全な傾性，しかし特別な種類の傾性ととらえるほうを選んだ。この傾性の現れ，現実化が，確率分布（probability distribution）である。そのため，試行の各反復で我々は傾性の現れを得るが，常に同じ結果が得られるわけではない。

反復は時間の経過と共に，起こりそうな結果の分布を与えてくれる。このとき傾向は，特定の相対頻度を生み出す諸試行の傾性である。当然，我々はやはり傾向とは何かの説明を必要とするが，それは傾性という概念を使って説明されるだろうし，これは自然科学では馴染みの概念である。

　例として公平なサイコロ振りを考える。それぞれの試行で 1, 2, 3, 4, 5, 6 いずれかの結果が出る。しかしその分布は，各結果の相対頻度が 1/6 というものである。時間が経つにつれ，分布はサイコロ振りの反復を通して現実化し，それぞれの結果に対し 1/6 という確率が得られる。こうして得られるのは平坦な分布である（5.1 節の図参照）。しかし偏りのあるサイコロは異なる形の分布を示すだろう。その分布は非対称となり，ある結果が他の結果より頻繁に得られる。

　この考え方は，相対頻度と傾性との間の説得力ある結びつきを提供してくれる。しかし，傾向の説明という視点からは，ある深刻な欠点がある。目下これは，単一ケースの客観的傾向の解釈ではないのである。確率分布は試行の各反復で現実化するかもしれないが，いかなる意味でも次のサイコロ振りで 3 の目が出るチャンスを教えてはくれない。長い一連の試行においては 3 が 1/6 で起こると教えてくれるのみである（この問題に対する客観確率的なフレームワーク外からのメラーらによるアプローチは 4.2 節と 4.3 節で取り上げている）。

2.2.6　別の傾向解釈は存在するか？

　そろそろフォン・ミーゼスの相対頻度解釈と，（あるバージョンの）傾向解釈の間にある違いを考えてみる時期である。フォン・ミーゼスは，ある試行の諸性質がコレクティーフを生み出すことに同意している。彼は少なくとも 1 度，生成条件に明示的に言及

した。彼が使った例は，一方には"偏り"のある（文字通り含みがある——つまり細工されている）2組のサイコロペアである。実際，偏りのあるペアを使えば，「少なくとも1つの6の目がほとんどすべての場合で出る」。彼は続ける：

> 各ペアは"6の目が2つ出る"を示す特有の確率を持つが，それら確率は大きく異なっている。
> ここで我々は，最も単純な形で確率理論の"一次現象（Ur-phänomen）"を持つ。6の目が出る確率は特定のサイコロの物理的性質であり，その質量，比熱，電気抵抗などと類似した性質である。同様に，あるサイコロペア（もちろん完全な状況設定も含む）の"6の目が2つ出る"確率は，特有の性質である。これは全体としての試行に属する物理的定数であり，その他すべての物理的性質と類似する。確率の理論は，この種の物理的な量の間に存在する関係を扱うだけである。(von Mises 1957: 13-14) [3]

　フォン・ミーゼスのアプローチは，確率の理論的記述を頻度の観察へと還元することとみなせる。なにしろ彼は操作主義者なのである。操作主義は，「科学における概念の意味は，それらを測定できる方法と結びついている」という視点として受け取られることがある。ギリースは，フォン・ミーゼスの操作主義および実証主義的志向について述べている（Gilles 1973: 37-42, Gillies 2000: 100-1）。もちろん，フォン・ミーゼスが実証主義者だった

3　ハウソンとアーバックがこの引用を指摘している（Howson and Urbach 1993: 338）。あいにくフォン・ミーゼスはここで2つの種類の傾向解釈を示している。1つ目では彼は単一のサイコロを考え，傾向はサイコロに内在するものとみた。2番目では，傾向は"全体としての試行"の一部分とされた。そのため1つ目のほうは筆の誤りとして無視する。

ことに大きな疑いはなく，彼はこの論題について教科書も書いている〔1939年の『*Positivism*（実証主義）』〕。ギリースは，「フォン・ミーゼスの操作主義は，彼の注意が（傾性としての）生成条件へ向くことを妨げた」と主張している。ギリースはさらに以下のような主張を行った。つまりこれは，フォン・ミーゼスは傾向説の支持者のようには確率を意味ある形で実際の試行へと割り当てられなかったことを意味していると。

　しかし，不必要な操作主義的荷物を投げ捨て，コレクティーフの源を説明するために必要ならば傾向説的な形而上学を採用することに，特に障壁はないように見える。実際，ある理論が頻度にしか言及できないと考えるのはきわめて困難である。一部のコレクティーフを他と区別するためには，我々は生成条件に一定の注意を払わなければならない。月の上で行ったコイン投げによるコレクティーフと，強烈な磁場変動のある場所で風の強い日に屋外で行ったコイン投げで作られるコレクティーフは違う（これはポパーが1959年に使った例を改変したものである。彼はこの種の考慮には傾向説的なアプローチが必要になると感じていた——私は彼が半分だけ正しいと考える：Gilles 2000: 115-16 および Howson and Urbach 1993: 339-40 参照）。ゆえに，傾性の現れという解釈を採用するメラーの考え方は，フォン・ミーゼスの考え方と非常によく適合する。これで，放射性崩壊を説明でき，同時に相対頻度との関係も残っている単一ケース確率の1つのバージョンが手に入った。

　フォン・ミーゼスの視点を傾向説的視点と結びつけることは，2.2.1項で議論したような批判を受けやすい。つまり，確率は非決定論的世界でのみ非自明であり，そのためこれはフォン・ミーゼスを非決定論的世界観へと引き渡すというものである。しかし，彼の視点は既にこのような批判を受けやすい要素を持ってい

る。もし決定論的世界において，コレクティーフの要素の列をどのように作るかを知っているなら，我々は適切な選択によって部分列の相対頻度を変化させることができる。実際，（神のような力を与えられた我々は）ある結果がいつ起こるか起こらないかを決定できるため，望んだ確率を持つ部分列を作り出すことができるだろう。ともかくフォン・ミーゼスは 1957 年の『*Probability, Statistics and Truth*（確率，統計と真実）』の最後の節で，非決定論的世界観と自身を明示的に結びつけた。

しかし，この傾向説的視点を採用したならば，その解釈はもはや相対頻度解釈とは興味深い差異があるようにみえる（より形而上学的に緻密な相対頻度解釈ではあるが）。特に，ある種の弱い因果関係としての傾向という概念は失われる。このことは，結びつけられるのが別の種類の傾向解釈か，または因果的な要素を持つ傾向解釈なのかに依存して，批判になる場合も，ならない場合もあるだろう。

2.3 結 論

本書では扱わなかったが，傾向解釈を対象にした多くの批判が他にもある（例えば Eagle 2004 や Gillies 2000 で議論されている）。私はこれらの困難に対処できる 1 つのバージョンの傾向説的説明が構築できると考えているが，その他多くの傾向解釈がこれを避けられないことは明らかである。

最初に述べたように多くの傾向説的視点があり，ここではそれらすべてをカバーしようとはしていない。私が本章でどの程度省略したのかを示すために，Gilles 2000 で提示され Mellor 2005 によって手が加えられた分類体系に基づきながら，ラフで簡単な

分類を提供しておく。傾向は以下のようにいえる：

(1) 可能性の程度である

(2) 試行の結果／チャンスの設定状況と関連する部分的な傾性で,

   (a) 結果の無限かもしれない列における相対頻度をもたらす

   (b) 相対頻度という形で, 結果の長くしかし無限ではない列における相対頻度をもたらす

   (c) 頻度と関係するかもしれないし, 関係しないかもしれず, ある特定例で起こる単純な傾性である

(3) 確率分布を生み出すチャンスの設定状況の完全な傾性であり, これが相対頻度を決定する

これらは, ハンフリーズのパラドクスによって提起された問題を説明するためにも, 条件付き傾向という概念によってさらに洗練されたものにできるはずである（その分類は Humphreys 2004 で見ることができる）。

例えば (1) に関してはここでは議論していない。1 つの理由としては, ある意味で第 5 章と第 6 章で扱うことになるためである。もう 1 つの理由は, 科学における確率の説明として使用するには深刻な制限と思える技術的な問題があるためである（詳しくは Mellor 2005 を参照してほしい）。(2) については, 完全な分布としての傾向に関するメラーの説明を議論するなかで, 簡単に記述した（2.2.5 項）。ただし, その下位の選択肢は扱わなかった。かわりに, 傾向の最も有望な説明を与えてくれると思われる (3) の説明に集中した。

しかし, うまくいく傾向解釈が得られた場合でさえ, 帰納に関する説明による補強は必要となるだろう。既に述べたように, 客観的確率の解釈は, それら確率の値が“何なのか”を“どのようにして”決定するのかについては必ずしも教えてくれない。前者

は認識論の一部であり，後者はその必要がないというわけである。これは特にフォン・ミーゼスの解釈で明らかである。彼は，次章で概観する理論の1つのバージョンを採用した。一方ではもちろん，科学においては確率の相対頻度解釈を支持した。

　この時点で我々は分岐点に直面している。それぞれの科学において多くの確率の説明がある。生物学と物理学はその主な例である。確率は統計力学や量子力学においては自然な居場所を見つけ，それら理論の中核となっている。確率はまた，生物学とも強く結びついている。確率計算を扱った教科書の多くで生物学からの例が引かれているが，とくに多いのが遺伝学である[4]。ただし，本書ではそのような解釈を追いかけることはしない。我々の目的はもっとシンプルで，客観確率のいくつかの標準的な解釈を可能な限り一般的に提示することである。同時に，他の確率解釈の入る余地は残っているし，実際それが必要であることにも注意が必要である。特定の科学における適切性の検証という困難な仕事は，また別の課題となる。

　そしてもう1つの分岐点がある。客観的で，認識論的でもあると主張する確率の説明が存在するのである。これは方法論的な反証主義（falsificationism）の伝統に由来する考え方である。この立場では，科学の目的を言明の確証ではなく，その反証におく。このアプローチの標準的な考え方は統計学のあらゆる入門書で見ることができる。ただし本書では，この議論を詳しく論じるつも

4　興味のある方に紹介しておくと，Sklar 1993 は統計力学における確率に対する哲学的疑問の素晴らしい入り口となる。Strevens 2003 は最近の注目すべき仕事である。量子力学における確率研究は複雑な分野であるが，van Fraassen 1980 の第6章がいい導入となる（実際，私は他にそれほど多くを読んだことがない）。生物学における確率の考え方のスタート地点としては，Sober 2008 や Rosenberg and McShea 2008 が優れている。

りはない。確かに密接に関連してはいるものの，直接的には確率計算の解釈についてのものではないからである（次のパラグラフで述べるギリースの視点は例外）。それでは納得しない読者がいるかもしれないので，例えば Howson and Urbach 1993，別の視点として Mayo 1996 を参照してほしい。

　ドナルド・ギリースは 2000 年の段階で(1973 年時点では異なる)，彼自身は傾向説と認識していた解釈を発展させた（Gillies 1973 and 2000）。そこでは確率の傾性的な説明が行われている。しかしこれは単一ケース確率を生み出すものではない。彼の理論の狙いは，長くしかし無限ではない結果の列に関して，カール・ポパーの反証主義と適合する確率の説明を提供することであった。そしてギリースは，彼の理論は確率の言明に経験的意味を与えるものだと主張した（一方で，次の 2 章で議論するアプローチに内在する主観主義は回避している）。とりわけ彼の "確率言明に関する反証則（falsifying rule for probability statement）" は，理論的実体，つまり有意性検定によって評価が可能な値としての確率概念の導入に役立つものである。ハウソンとアーバックはギリースの理論を批判した（Howson and Urbach 1993: 335-6）。ギリースは 1990 年にこのような批判への反論を行っている。確証とは真逆の反証主義という非常に異なる方法論的アプローチをとるため，我々はこの討論をこれ以上追いかけるつもりはない。再び，これをバグと考えるか仕様と考えるかは，読者次第である。

　そして我々は，客観的な確率概念と関連する別の何かが存在する余地があると考えている。本書の残りの部分ではそれを取り上げていくことになる。このあと検討していく概念は認識論的な解釈であり，"信念の度合い" としての確率解釈である。

第3章
主観的確率

3.1 イントロダクション

プロコプは空港まで車で出かけた。プラハから飛行機でやってきた友人のヴラジミールを迎えに行くためである。「やあ，いい靴だね」「ありがとう，安売りしててね」。混雑した道路の恐怖のドライブが終わった後，2人はプロコプのマンションに到着した。交通事故とアメリカの医療制度についての統計を読んでいたせいで，プロコプはドライブをいっそう恐ろしく感じた。その夜遅く，彼らは自家醸造ビール（"ホームシック・ピルスナー"）を飲みながら，『スター・トレック』の再放送を見ていた。第26話「クリンゴン帝国の侵略」のなかでカークは尋ねた：「ここから逃げられるオッズはどれくらいだと思う？」。スポックは答える：「正確にはわかりません船長。だいたい1/7824.7ぐらいだと思います」。プロコプとヴラジミールは隣の部屋の人が迷惑なほど大きな声で笑った。

ビールが随分なくなった後，話はマーガレット・サッチャーに移った。ヴラジミールはサッチャーが1995年より後に首相を辞任したと思っていたが，プロコプはそれより前だと思っていた。彼らは賭けをすることにした。もしサッチャーが1995年より前に辞任していたら，ヴラジミールはプロコプにフェルネ（独特の強烈な風味で有名なリキュール）を1本買う。辞任が1995年以降なら，プロコプがヴラジミールに同じものを買う。ちなみにフェルネはアメリカで買うとチェコよりずっと高い。

プロコプの物理学の勉強はうまくいっていた。彼は勉強を先延ばしにする口実によく天気予報を見ていた。しかしこれはあまり意味がなかった。彼はすぐに気象系の物理学について考え始めて

しまうからである。アメリカの天気予報は，次の日の降水確率を伝える：「明日は晴れ時々曇り，降水確率は 25％です」。図書館で天気予報について調べたところ，プロコプは気象予報士が自身の予測をチェックするために賭けと似た方法論を使っていることを知った。

　プロコプからみると，賭けはアメリカの生活で大きな部分を占めるように思えた。最近では規制が進んではいるが，インターネット上での賭けは非常に盛んである。そしていわゆる予測市場（例えばアイオワ電子市場）にしても，何が起こって何が起こらないかについて人々が賭けを行う場所以外の何物でもないことに気づいた。予測市場では次の大統領が共和党員かどうかについて，活発な取引が行われている。調べていくなかで，賭けは確率として表現でき，それら確率は必ずしも大量現象のものではないことがわかった。このような例の基盤として広く使われている解釈では，確率を“信念の度合い（degree of belief）”の表れととらえる。これはベイズ的とか主観主義的解釈，あるいは個人的解釈として知られている。

　ベイズ的解釈を支持する数多くの論証がある。ここからはそれらを取り上げていく。また，この解釈を要求する成功例も検証する。同時に，それらが本当に成功しているのか疑う理由もみていくつもりである。

3.2　ダッチブック論証

　プロコプとヴラジミールの話に戻る。ここからは，“事象が起こった”または“真”を“T”，そうでなければ“F”と略す。すると以下の表は，プロコプ視点からの賭けの条件を表す：

サッチャーが 1995 年 より前に辞任	払い戻し
T	＋フェルネ 1 本
F	−フェルネ 1 本

　もしサッチャーが 1995 年より前に辞任していたら，プロコプはフェルネを得る。そうでなければ，ヴラジミールにフェルネを買ってあげることになる（賭けは命題［真偽で解釈できる主張］についてのものとみなす。命題で表現できない何かにどう賭ければいいのか，調べることは難しい）。この基本的なシナリオは，信念の強さに関してずっと精巧な理論的図式を作る基礎にできる。プロコプはサッチャー辞任の日付に強い確信を持っているとしよう。すると彼は，次のような賭けを提案するかもしれない：「もし僕が正しければ，君は僕にフェルネを 1 本買う。もし僕が間違っていたら，僕は君にフェルネを 2 本買う」。ちなみにプロコプは，"口だけでなく約束を守る" 人物である。

　しかし，「確信」を「フェルネを失う意思」とどの程度関連させられるかについては，限界がある。フェルネは重く，それなりに高額で，多く持っていても飲みすぎるくらいしか使い道がない。フェルネの小さなボトルを選んだり，1 杯ごとに分割したりすることは可能かもしれない。それでもあなたにできるのは，最終的には飲みすぎることだけである。そしてすべての人がアルコールを，もっと言えばフェルネが飲めるわけではない。したがって，他にメリットがあるのかもしれないが，賭けの理想的な通貨としてはフェルネは適していない。それでは我々が既によく知っている通貨を使ってはどうだろう？

　賭けに使うずっといい通貨はお金だろう。大金ではなく，数セントか数ユーロ，数ドルくらいがいい。もしあなたがある命題に

本当に確信を持っていたら，あなたは払い戻し金として得られる
かもしれない利益よりも多くのリスクを受け入れるはずだ。例え
ば，あなたは 50 セント賭けてもいいと思うかもしれないが，間
違えれば同じ額を失う。一方で，あなたの賭け相手には 10 セン
トの賭け金しか要求せず，あなたが正しいときに相手が支払うの
は 10 セントである。見込み損失に対する見込み利益の比率は，
オッズ（odds）として知られている。例えば先の例では，オッズ
は 5 : 1 である（もちろん賭けには，比較的簡単な方法で貨幣のよう
に扱える価値あるものなら何でも使うことができる。しかし，賭けご
とではお金が伝統的に使用されてきた）。

　私がいま記述した賭けの手順は，読者が親しんでいるかもしれ
ない賭けの手順とはいくらか違いがある。1 つには普通，賭けの
胴元はあなたの勝ちの分け前をとる。そのためオッズは，賭けに
勝ったときにあなたが得るものとは完全には一致しない。さら
に，例えば酒場での仲間うちでの賭けは，オッズが 1 : 1 のタイ
プであることが多い（もし私が正しければ，あなたがフェルネを買う。
そうでなければ，私がフェルネを買う）。ここでは不確実性が通貨
によって（荒っぽい方法で）とらえられている。賭けられるもの
が高価になるにつれ，考慮されている命題（またはその否定）の
確信の度合いはより深く考慮されるようになる。賭けを純粋な偶
然ゲームと考え，お互いに完全に無知な事柄についての賭け（コ
イン投げの結果や，暗い場所でちらりと見えた人影の正体などへの賭
け）に参加したい人もいるかもしれない。しかし，この手の賭け
は我々の目的にとっては原始的すぎる。

　十分に細かく分割できる通貨は，信念の度合いを測定する仕組
みとして利用できる。十分なお金があり，賭けが嫌いでなければ，
より強く何かを信じるほど，よりいいオッズを相手に提示できる
だろう。例えばヴルタヴァ川がプラハを流れていることを私が確

信していたとする。誰かが私に賭けを申し出たら，私は1000：1
といった非常にいいオッズを提示してもいい。一方，明日デュッ
セルドルフで雨が降るかどうかといったことは私にはよくわから
ない（実際気にしたこともない。ただしこれは現時点の話で，今後変
化する可能性はある）。そのため私がこの賭けを行うとしても，五
分五分の掛け率を提案するだろう。また，私がこれを書いている
とき，次の2時間以内に雨が降らないとは思っていない。そのた
め，晴れるかどうかという賭けには私は低いオッズを提示する（こ
の後みるように，二重否定は賭けがどのように機能するかについて何
らかのことを教えてくれる）。

3.2.1 フェアな賭け

本章の主題に入る前に，公平・フェア（fair）な賭けのオッズ
という概念を導入しておく必要がある。これを示すために，"22
番の路面電車"が通常ルートでクリムスカ駅に停まるかどうか賭
けると仮定しよう。私はこれを強く確信しているため，この賭け
に40：1のオッズを提示できる。しかし，39：1のオッズでも喜
んで受け入れる。損失のリスクが39に減るのだから。見込み損
失が38まで減る38：1のオッズも受け入れる。実際，0：1まで
いかなる賭けも受け入れるだろう。

しかし，仮にクリムスカ駅に路面電車が停まらないことに賭け
る必要があるとしよう。つまり私は，「路面電車がクリムスカ駅
に停まる」ことの反対の命題に賭けなければならない。実際には
私はクリムスカ駅に路面電車が停まると信じているため，1：40
のようなオッズのみを提示する（もし偽なら1を払い，もし真なら
40を受け取る）。同様に，私は右側に関しては40を超える数字な
ら受け入れるだろう（左側に関しては1より小さい数を）。

それでは，見込み利益に対して覚悟できるリスクの最大量をど

う表現すればいいのだろうか？　通常のやり方は，あなたと賭けをしている人が，賭けの内容の方向を変えられる状況を想像するというものである。この場合，あなたはその命題に賭けることになるのか，それとも命題へ反対に賭けることになるのか，わからない。これはつまり，賭けのそれぞれの側で見込み損失を最小化（あるいは見込み利益を最大化）できるオッズについてあなたが実際にどう考えているかを探す動機となる。先ほどの例ではオッズは 40:1 である。「ある事象に関し，正確なものではなくともオッズが存在すると考えている」という仮定は，この後ふれるように大きな哲学的意味を持っている。

　もう 1 つの表現方法は，「フェアなオッズとは，どちらに賭けても有利にならないとあなたが考えるオッズ（つまり見込み損失と見込み利益を同等にするとあなたが考えるオッズ）である」というものである。そしてフェアなオッズは，「命題が真であることの実際のオッズについてあなたが考えていること」を表しているはずである。フェアなオッズは次項の終わりでみるように，ベイズ理論で特別な役割を果たす。

　すべての賭けが同様に参考になるわけではない。実際，一部の賭けは単純に馬鹿げている。プロコプはヴラジミールに言う：「もしサッチャーが 1995 年より前に辞任していたら，僕は君から酒をもらう。彼女の辞任がそれより後なら，君は僕に酒をおごる」。これは，「表なら私が勝ち，裏ならあなたが負ける」というコイン投げゲームのようなものである。もしあなたがこの賭けを受けたら，あなたは必ず負ける。このような賭けを専門用語でダッチブック（Dutch Book）と呼ぶ（おそらくはダッチよりも，"愚か"といった特定集団と紐づけられていない言葉のほうが適切と思われるが）。この言葉の語源は謎である。私が肩入れしている説明は，賭けはブックと呼ばれるが，ダッチは英語で好ましくない方法の総称

——割り勘デート（Dutch date），口うるさい人（Dutch uncle），酒の勢いを借りた蛮勇（Dutch courage）等々——だからだというものである（この説明が正しいという証拠はない）。ダッチブックの定理によると，すべての愚かでない賭けは確率計算の公理に従い，また確率計算の公理に従うのは愚かでない賭けだけである。つまり，確率計算に従う人に不利になるダッチブックは存在しないということを言っている（ラムゼイ - デ・フィネッティの定理と呼ばれる場合もある）。結論はこうである：「愚かな賭けを避けるためには，確率計算に従って賭けをやれ」。フェアな賭けという視点からは，すべての愚かでない賭けだけがフェアであり，したがって確率計算に従っているはずだと言える。次項からはこの議論を詳しく解説するが，それには少々代数学を必要とする。「一定の仮定があればこの定理が成り立つ」という私の主張を受け入れる用意のある数式嫌いの読者は，この部分はスキップしてもいい。

3.2.2　賭けの形式

　以下は従来からある説明になる。文献としては Skyrms 1986 と Howson and Urbach 1993 に最も明確な説明がある。ただしこの論証を表す数多くの方法があるので，ここではハウソンとアーバックのやり方を採用しよう。

　話を続けよう。賭けを行う人が，命題 A が真であれば何らかの価値のある値 a を得て，命題 A が偽であれば値 b を失う場合，それを「命題 A に賭ける（bet on A）」と呼ぶ。「命題 A へ反対に賭ける（bet against A）」とは，賭けを行った人が，命題 A が偽であれば b を得て，命題 A が真であれば a を失う場合である（A の真偽はどうやって知るのか？　通常これは問題ではない。先ほどのプロコプとヴラジミールの賭けなら Wikipedia でも確認すればいい。ただし，もしヴラジミールが Wikipedia の記述を信頼できる証拠だと

考えなければ，図書館に行く必要がある。さらに彼が本当に強情で，それでも納得しなければ，あらゆる疑問に誰もが納得する答えを出してくれる神託所でも訪ねる必要があるだろう。そう，我々は"理想化された状況"を扱っている）。

3.2節では払い戻し表を導入した。下の表は，A に賭けた場合をより一般化したものである：

A	払い戻し
T	$+a$
F	$-b$

しかしこの表には仕掛けがある。ここで a と b は，a と b という事柄ではなく，a と b という"値"として機能する。言い換えると，この値をある種の通貨のようなものとして扱う。3.4節でみていくように，これは自明のステップではない。しかし今はとりあえず，a と b はある種の通貨のようなもの，つまり非常に細かく（おそらくは無限に）分割可能なお金だと思ってほしい。

3.2節で述べたように，オッズは $b:a$ で定義される。オッズは扱いが難しく見える人がいるかもしれない（私もそうである）。幸運にも初歩的な代数学を使ってこの表を書き直すことができる。そうしてオッズの情報を含みながら0と1の間の値をとる（0と1を含む）関数が得られる。これを行う通常の方法が，オッズの正規化である。オッズ比をとり，1＋オッズ比でそれを割る。$p = (b/a)/(1 + b/a)$ である（任意の正の量 x はこの方法で0と1の間をとる。つまり任意の正の x について，$x/(1 + x)$ は0と1の間をとる）。この正規化されたオッズは，単純な計算で確認できるように，$b/(a + b)$ である。

例示のために，A に非常に確信を持っている人が A に賭け，9：

1 のオッズを提示することを考える。これは A が偽なら賭けた人が9を支払い，A が真なら1を受け取ることを意味している。これは $p = 0.9$ と書ける。賭けに関連する総金額（stake）は $a + b$（賭けた人は a を得るだけでなく，b を失う立場にもあることを思い出してほしい）であり，これを S と呼ぶ。ここで払い戻し表を以下のように書き直すことができる：

A	払い戻し
T	$S(1 - p)$
F	$- Sp$

理由は明白だろうが，p は賭け割合（betting quotient）として知られる。我々の論証では，p がフェアな賭け割合となるような（つまり賭けの片方が有利とは思えない）a と b の値が必要である（この後，フェアな賭け割合が確率であることを示すつもりである。そのため記号に p を選んだ）。別の言い方もできる。フェアな賭け割合とは，掛け業者によって賭けの方向が入れ換え可能（a は $- a$ へ，$- b$ は b へ変更可能）なときに与えられる p の値だというものである。これは，p としてフェアな賭け割合が与えられたら，命題に対してどちらの立場で賭けても構わないことを意味する（この掛け率と払い戻し表の説明は慣例的ではあるが，Skyrms 1986 と Howson and Urbach 1993 から拝借した）。

どのように賭けるべきでないのかを議論する前に，明確にしておくべき2つの技術的論点がある。1つ目は，既に述べてきたように，我々の賭けは命題という形で記述される。これは曖昧だが，それほどの危険性はない。これにより確率計算の力を完全に保ちながら，集合論的表記と論理学的表記の間を移動することが可能

になる。論理積，否定，論理和として，&，¬，∨といった通常
の表記法を使っていく。2 番目は，どのような命題かという疑問
である。ここで扱う命題は，いくつかの基本的な命題の集合から，
これらの命題に論理積や否定を組み合わせることによって引き出
されるものと仮定する（もし A と B が扱う命題の集合内にあれば，
A&B も扱う命題の集合内にある。¬A や ¬B も同様である）。この集
合は体（field）を形成する（補遺 A.2.1）。我々が構成する確率関数は，
この体上に定義される。

3.2.3　どう賭けるべきでないのか

　3.2.1 項では愚かな賭けについてふれた。$p(A) < 0$ という賭け
もその 1 つである。A に賭けると，A の真偽にかかわらず払い戻
しは常に正になる。そして A へ反対に賭けると払い戻しは負で
ある。そのため，順張りの人は常に儲け，逆張りの人は常に負け
る。このような賭けをフェアとみなすことは，確実な損失と確実
な儲けの間に差を認めないことである。定義から，このような賭
けはフェアにはなり得ない。賭けの片方が常に有利である。その
ため，p がフェアなら，

　(i)　すべての A に対し，$p(A) \geqq 0$

　同様の議論は，論理的に真の言明であるトートロジーへの賭け
についてもいえる。トートロジーは必ず真であるため，払い戻し
$S(1 - p)$ だけを考えればよい。不可能な $p > 1$ を考える必要は
ない。したがって，もし $p < 1$ なら，命題へと反対に賭けた人は
常にお金を失い，命題に賭けた人は常にお金を得る。これは明ら
かである。したがって，$p = 1$ はトートロジーで唯一フェアなオッ
ズを表す。つまり，

(ii) すべてのトートロジー T に対し，$p(\mathrm{T}) = 1$

3.2.4 賭けと確率を足し合わせる

次の論証は排反，つまり同時に真ではありえない2つの命題 A と B についてである。A と B に別々に賭ける場合には，A または B に同時に，つまり「$A \vee B$」のように賭けるべきであることを示す。一度に複数の賭けを扱う際には，通貨にかかわらず，すべての賭けの総金額を同じ合計 S に正規化するという仮定をおくと都合がよい（一般性は失われない）。通常の手順では S を1とおくが，前述と同じスタイルで進めていく。A の賭け割合を p，B の賭け割合を q とおく。A と B は同時に起こらないので，組み合わせとしては下記の3行の払い戻し表だけを考えればよい。

A	B	払い戻し
T	F	$S(1 - p) - Sq$
F	T	$- Sp + S(1 - q)$
F	F	$- Sp - Sq$

しかしこれは単に，$A \vee B$ に $p + q$ の賭け割合で賭けているだけである。$p + q = r$ として，上の表は次のように書き直すことができる：

A	B	払い戻し
T	F	$S(1 - r)$
F	T	$S(1 - r)$
F	F	$- Sr$

これは以下と同じことである：

$A \lor B$	払い戻し
T	$S(1 - r)$
F	$- Sr$

ただし，これらは同じ状況で真なので，A と B への 2 つの賭けは，$A \lor B$ への 1 つの賭けと同じことである。そのため，別々の賭けを 1 つの賭けへと足し合わせることは妥当と思われる。実際，以下を証明できる。A, B, $A \lor B$ にそれぞれ p, q, r の賭け割合を提示した人を想定し，$p + q \neq r$ であったとする。彼らはこれらをフェアなオッズと考えている。そのため定義から，賭けを行う人は，これらの賭け割合を持つ A と B に賭けることと，$A \lor B$ へ反対に賭けることの違いを気にしないだろう。これら 3 つの賭けの払い戻し表は，A と B の払い戻し表から $A \lor B$ の払い戻し表を引いただけなので，多少単純化すると下記のようになる：

A	B	払い戻し
T	F	$S(1 - (p + q)) - S(1 - r)$
F	T	$S(1 - (p + q)) - S(1 - r)$
F	F	$- S(p + q) + Sr$

書き直して：

$A \lor B$	払い戻し
T	$S(r - (p + q))$
F	$S(r - (p + q))$

もし $r > p + q$ なら，この賭けは確実な儲けをもたらす。また，$r < p + q$ なら確実な損失である。そして賭けがフェアになるのは，$r = p + q$ のときだけである。したがって，もし A と B が排反なら，それらの賭け割合を足し合わせた値だけがフェアになるはずである：

(iii) A と B が排反ならば，$p(A \lor B) = p(A) + p(B)$

これで，非条件付き確率（有限に加法的な確率，補遺 A.2.4 参照）の公理に対するダッチブック論証は完成した。

3.2.5 条件付きの賭けと確率

最後に，4番目の公理に対するダッチブック論証がある。その説明のためには，条件付きの賭けという概念を導入する必要がある。これは，命題 B が真として受け入れられる場合における命題 A への賭けである。もし B が真として受け入れられない場合は，命題 A への賭けは中止される。例えば，「もしヤルダがパーティーに来れば，彼がパヴェルへ熱っぽいキスをすることに4：1のオッズで賭ける」「その話乗った！」のような状況である。ヤルダがパーティーに来なければ，賭けは流れる。確実な損失を避けるためには賭けが確率計算の規則に一致する必要があることを証明する直接的な方法があるが，線形代数学の使用がかかわってくる。興味のある方はギリースの本を参照してほしいが，そこで彼はこの論証に少し違うアプローチをとっている（Gillies 2000: 58-65）。本項では，まずは Hacking 2001: 167-8 の議論に従う。しかし彼の論証は，厳しい整合性（strict coherence）（補遺 A.6.1 参照）という強い仮定を使っている（これはピーター・ミルンが指摘してくれた）。私が使う証明は，ミルンによって提示され

たハッキングの修正版である。

　4 番目の公理には回りくどい道筋をたどることになる。必要なのは，賭け割合が 4 番目の公理に従わない特定状況は確実な損失（あるいは儲け）を導き，そのためフェアとは考えられないという証明を示すことである。これは，4 番目の公理を破る賭け割合がフェアとなり得ないことを確立するに十分である。この状況はいくぶん人為的なもので，再び線形代数学の力を借りることになる。

　以下の 3 つの賭けを考える。① A と B が共に起こること，つまり $A\&B$ への賭けで，賭け割合は q。②条件 B において A が起こることへの賭けで，賭け割合は p。③別途の B への賭けで，賭け割合は r。主張は，「$p = q/r$ のときのみ賭けはフェア」というものである。フェアな賭け割合には，賭ける人がどちらの立場をとってもいいという含意があったことを思い出してほしい。したがってあなたは，$A\&B$ に賭けることも，$A|B$ へ反対に賭けることも，B へ反対に賭けることも受け入れるべきである（ここでは $A|B$ を「条件 B のとき A に賭ける」を省略したものとのみ考える。$A|B$ の意味にアプローチする別の方法については Milne 1997 を参照のこと）。

　この論証を機能させるためには，各賭けの間で異なる総金額を考える。総金額は，賭け割合を通貨単位と掛け合わせることで決定される。条件付きの賭けと $A\&B$ の賭けの総金額のためには通貨 S 単位を，そして B には pS 単位を設定する。賭け割合は，$A|B$ の賭けには p，$A\&B$ への反対の賭けには q（B の賭けの総金額と同じとなるように［$A\&B$ の見込み利益 qS が，B の賭けの prS と同じになるように］），B には r である。B の単位を pS と設定するのは奇妙に思えるかもしれない。しかしこれにより，賭けのこの組み合わせに対してダッチブックに負ける方法があることを示し，そして 4 番目の公理が得られる（私は，「$A\&B$ や $A|B$ の賭け

割合に対する B への賭けのサイズを変更できる」という仮定が自明だとは主張していない。このような仮定の含意は 3.4 節で議論する)。

A	B	$A \mid B$ の払い戻し
T	T	$S(1 - p)$
T	F	0
F	T	$- Sp$
F	F	0

$A \& B$ への反対の賭けの払い戻し表は下記である：

A	B	$A \& B$ への反対の賭けの払い戻し
T	T	$- S(1 - q)$
T	F	Sq
F	T	Sq
F	F	Sq

B への賭けは：

B	B への賭けの払い戻し
T	$Sp(1 - r)$
F	$- Spr$

これらを一緒にすると，組み合わせた賭けは次の払い戻し表を持つ：

A	B	すべての賭けの払い戻し
T	T	$S(1-p) - S(1-q) + Sp(1-r)$
T	F	$0 + Sq - Spr$
F	T	$-Sp + Sq + Sp(1-r)$
F	F	$0 + Sq - Spr$

単純化すると：

A	B	すべての賭けの払い戻し
T	T	$S(q - pr)$
T	F	$S(q - pr)$
F	T	$S(q - pr)$
F	F	$S(q - pr)$

唯一のフェアな賭けは $pr = q$ の場合である。その他はすべて自動的に勝ち（または負け）となる。要求通り $p = q/r$ が与えられた。よって以下が成り立つ：

(iv)　$p(A|B) = \dfrac{p(A \ \& \ B)}{p(B)}$

　これで，フェアであるためには賭け割合は（必ず）確率の公理を守らなければならないという論証が完結した。ただし，確率計算に従う賭け割合が（必ず）フェアだと示したわけではない。言い換えれば，我々が示したのは確率計算の順守はフェアネスに必要な条件だということである。

　しかし，確率計算の順守で十分なのか，つまりそれはフェアネスに対する十分条件なのかという疑問が残っている。おそらく読者は，賭け割合の集合がフェアであることを確実にするために必

要な，その他の条件が存在するのではないかと思っていることだろう。答えはノーで，これ以上の条件は存在しない。これは逆ダッチブック定理として知られており，S や p を前述のようにおいた一連の賭けにおいて，以下を示すことで証明される。つまり，p が確率計算に従うならば，"期待" される儲けや損失は 0 である——個々の賭けの確率を払い戻しと掛けるゆえに期待（expected）と表現される。逆ダッチブック定理の証明は Howson and Urbach 1993: 84-5 に掲載されている。

3.3 主観的確率の適用

　しかし，これらの議論は我々に何を与えてくれるのだろうか？確率がフェアな賭けとして表現できたから何だというのか？　この論証の哲学的意味は以下の通りである。3.1 節でプロコプたちが示したように，特定の状況下では，賭けはある人が何かをどの程度強く信じているかを示すことができる。そのため，賭けは信念の度合いとして使用できる。オッズの右側が大きくなるにつれて，検討中の命題における仮説が偽であることに強い確信または信用——より高い確率——を持つことになる。そのオッズ差が小さくなるにつれ，確率，確信，信用は低くなる。両側に同じように賭ける，つまりオッズ 1：1 の確率は 0.5 で，検討中の命題の真／偽の間に違いがないのと同じである。確率 1，つまりある命題の真に全財産を賭け，見返りを期待しないことは，命題が真であることへの完全な確信である。確率 0 は完全な懐疑，または命題が偽であることへの完全な信頼である。そのため，確率計算は信念の強さの尺度を表すものとみなすことができる（0 と 1 の間の確率をとる信念は時に"部分的信念（partial belief）"と呼ばれる）。

　そしてダッチブック定理は，第三の公理を通して信念が必要とする無矛盾性（consistency）を提供し，これは信念の組み合わせの強さに制約を与える［consistency は確率の文脈では整合性と訳されることが多いが，後出する論理学との関連を考慮して本書では無矛盾性で統一した］。これがダッチブック論証（Dutch Book argument）である。賭けは信念の度合いを表現する。賭けは確率計算に従うときかつそのときに限り，無矛盾である。したがって我々の信念の度合いは，確率計算に従うときに限り無矛盾である。ここには明らかに述べるべき多くの点がある。以降の項ではそれを詳しく論じていく。この信念は，ある種類の認識論に基礎を置いた（特定バージョンの）確率計算式によって制約を受けるべきである。これが次項で扱う中心論題となる。

3.3.1　ベイズの定理とベイズ的認識論

　ベイズ的認識論は，確率の制約を部分的信念の適切な制約と解釈する。そしてこれからみていくように，条件付き確率を，証拠に照らした信念の変化に対する適切な制約であるとする。ベイズ主義者たちは，確率計算は部分的信念の適切な論理であり，したがって科学の論理であるだけでなく，証拠を組み込んだあらゆる推論的思考の論理でもあると考える。このような主張は，「ダッチブック（やその他の）論証」という基盤に加えて，「科学やその他の分野における推論に対するベイズ的な事例研究」という基盤の上に構築されている。したがって，ベイズ的認識論の支えは"下"，つまりその基礎からと，"上"，つまりその応用から得られる。

　ベイズ的認識論は，定理を発見したトーマス・ベイズ牧師にちなんだ名称である。ベイズの定理は：

$$p(h|e) = \frac{p(e|h)p(h)}{p(e)}$$

これは公理から容易に証明できる（補遺 A.1 参照）。ベイズの定理は次のように解釈できる：

- $p(h|e)$ は，h の事後確率（posterior probability）であり，証拠 e が与えられたときの仮説 h の確率である。
- $p(e|h)$ は，仮説が証拠を予測する程度である。
- $p(h)$ は，h の事前確率（prior probability）であり，仮説における信念の程度である。
- $p(e)$ は，証拠が起こる確率である。

$p(e)$ は全確率の定理を使うと理解しやすくなる。

$$p(e) = p(e|h)p(h) + p(e|\neg h)p(\neg h)$$

この式は，仮説によって割り当てられる重みに照らすと e の確率がどのように考えられるかを示している（より一般的なものは補遺 A.2.5 参照）。量 $p(e|h)$ は今日では尤度（likelihood）として知られるもので，これはしばしば仮説によって与えられるものと考えられている。一方の量 $p(h)$ は，仮説における信念の度合いを表すことから，単なる"主観性"が"主観主義"のなかで統一的に計算されることになる[1]。ベイズの定理は事前確率と尤度の組み合わせ方を示したもので，したがって自明の等式に見えるものに強い興味を持つ。

　ベイズ主義は仮説と証拠の間にある多くの関連をとらえる。もし e を受け入れることが h が真であると信じさせるなら——つま

1　読者はこの分野には多くの種類の相容れない専門用語と概念があることに気づいただろう。例えば $p(h|e)$ は場合によっては事前条件付き確率と呼ばれ，事後確率という用語は量 $p'(h)$ に対して使われる。これらは次のパラグラフで扱う。

り $p(h|e) = 1$ なら——，e は h を立証（verify）すると呼ぶ［verify はこの文脈では通常，検証と訳されるが，日常的な意味での検証と紛らわしいためここでは立証と訳した］。もし e が h が偽であると信じさせるなら——つまり $p(h|e) = 0$ ——，e は h を反証（falsify）すると呼ぶ。もちろん多くの証拠はこんな極端なものではない。より一般的な証拠として，e が h が真であるとより強く信じさせるなら——つまり $p(h|e) > p(h)$ ——，h は確証（confirmed）されたと呼ぶ。同様に，e が h に関する信念を弱めさせるなら——つまり $p(h|e) < p(h)$ ——，h は不確証（disconfirmed）されたと呼ぶ。「e を真として受け入れることが h の信念の程度を変化させること」は $p'(h) = p(h|e)$ と表現し，これは e による条件付け（conditionalization）として知られる。Box 3.2 の前半でこれらの関連を身近な例を使って示した。条件付けは 3.8 節の中心議題となる。

3.3.2　例：ビール

　続いてはより複雑な例となる（実際，かなり複雑な例である）。この例を取り上げたのには 2 つの理由がある。1 つには私はビールが好きである。2 つ目に，実世界の例はベイズ的説明がどれくらい複雑になりうるかを示してくれる。ここでは例として，プロコプの趣味の 1 つである自家醸造を取り上げた。ビールを作るためには，麦から発酵性糖を抽出することが必要である。西洋では通常，大麦が使われる。糖は酵母によって消費され，副産物としてアルコールが作られる。このプロセスの最初の段階は，麦の栽培や収穫を除けば，大麦を麦芽にすることである（モルト製造）。まず，大麦が発芽すると，必要な α/β- アミラーゼ酵素が作られる。次に，熱を加えるキルンという過程によって大麦の発芽を止め，発芽した大麦を乾燥させる。この麦芽が "モルト" と呼ばれ

るものである（加熱の程度によって，薄い茶色から濃いチョコレートブラウンまでの幅を持つさまざまなタイプのモルトができる）。モルトを水に漬け 60 〜 70℃ で加熱すると，α/β-アミラーゼがデンプンを分解し，糖ができる。この過程は糖化として知られ，この混合物はマッシュと呼ばれる。いったん利用可能なデンプンがすべて分解されると（ヨウ素を使った簡単な試験で確認できる），液体として取り出される。この液体が麦汁として知られるものである。さらに麦汁は煮沸され，冷やされる。そして糖を分解する酵母が麦汁に加えられ，アルコールが産生される（ビール醸造の入門書を読めば，この興味深い過程のもっと詳しい情報がわかる。私はWheeler 1990 を使った）。

　発酵の間に作られるアルコールの量は，他の条件が同じだとすれば，麦汁中の糖の量に比例する。麦汁中そして最終的な発酵ビール中の糖の量を測れば，簡単な数式でビールの容量ごとのアルコール量を計算できる。したがって，麦汁にどれくらい糖が含まれているかを測定することは，注意深い醸造家にとっては重要である。麦汁の比重（相対密度）を決定することによってこの測定は行われる。一定量の麦汁の密度を，同量の真水の密度で割るのである（もちろん密度は単位体積あたりの質量である）。

　比重の測定にあたっては，自家醸造の場合では普通は液体比重計を使う。以下の説明は La Pensée 1990 に基づいている。彼は最初に，「体によって押しのけられる量の液体の質量が体のそれと同じとき，体は浮く」というアルキメデスの発見を記している（これが鉄の船が浮かぶ理由である。船は重いかもしれないが，それによって押しのけられる水はもっと重い）。

　つまり……液体の密度がより高いと，物はその液体により浮きやすいということになる。比重計は，液体の密度測定にこの原理を使う。

　ガラス管の底に鉛の弾が入っているのが基本である。ガラス管の上
　側には較正された目盛りがついており，確かめたい液体に比重計が
　どれだけ沈んだかをみることで，相対密度が直接読み取れるように
　なっている。(La Pensée 1990: 71)

比重計には段階的な目盛りが書いてあり，沈んだ深さが測れるよ
うになっている。
　比重計は非常に正確な比重の測度を提供してくれる。しかし注
意点がある。比重計は特定の温度で較正されている。自家醸造家
は通常，別の温度で比重計を読む際にはチャートを使う。自家醸
造や密度決定と関連する多数の目盛りがあるので，これは混乱を
招く場合もある。ただし，普通はこれらの注意点はそれほど問題
にはならない。しかし，プロコプが持っているのは安物の比重計
である。"安物"という言葉はここでは重要な意味をもっている。
比重計の作りは粗悪に思え，彼はその正確性に疑問を持っている。
「そんなのどうにでもできるだろう？」などという声が聞こえな
くもないが，ともかく比重計を読んで得られる証拠には，大きく
はなくともいくらかの確信のなさがある。本当はこの安物の比重
計の写真を入れたかったのだが，かわりに実際の使用でいかに使
えないか詳しく説明しておく。比重計に付属していたプラスチッ
クの入れ物（よくあるのは縦に細長い透明の容器で，この中に測りた
い液体と比重計を入れ，浮かんだ比重計の目盛り部分を観察する）は
理解に苦しむことにほぼ不透明である。安っぽいプラスチックは
曇り，水平面を確認するのはほとんど不可能だった。そして比重
計は忌々しいプラスチック容器の横にくっつき，比重計の数字が
書いてある側はあらぬ方を向いたまま……等々である。
　プロコプは比重1.045の麦汁を作ろうとしていた（この値の詳
細は本例では必要がない）。明確化のために，麦汁の比重が1.045

であるという仮説を h とする。$\neg h$ はもちろんそうでないことを指す。証拠 e は比重計が 1.045 と読めることである。

プロコプは慎重に糖化過程をこなした。彼は自分が使っているモルトを熟知していた（モルトはそれほど古くなく，冷たく乾燥した環境で保存されていた）。注意深く衛生管理し，測定には気を配っていた……。そのため彼は麦汁の比重が実際に 1.045 であることを強く確信しており，それにお金を賭けてもいいと思っていた。彼からすると，$p(h) = 0.95$ と設定できる。$p(\neg h) = 1 - p(h)$ であることは簡単に証明できる。したがって，$p(\neg h) = 0.05$ である。ここで，実際に比重が 1.045 の場合に比重計が 1.045 だと読める見込み（尤度）はどれくらいだろうかという疑問が出る。

ここで $p(e|h) = 0.9$ とおく。これは，旧式の比重計が実際にどの程度仮説を確証してくれるかに関する彼の不確信が比較的低いことを反映している。そして $p(e|\neg h) = 0.1$ であり，こちらは間違った数値が得られるチャンスを反映している[2]。そして e が真だと判明したとする。ベイズの定理を使うと，h が確証される程度を算出することができる。

全確率の定理を使い，$p(e) = p(e|h)p(h) + p(e|\neg h)p(\neg h) = 0.90 \times 0.95 + 0.1 \times 0.05 = 0.86$。これで，$p(h|e)$ が 0.99 以上であることがわかる（読者の方にはベイズの定理を使う練習としてこれを算出してみてほしい）。

3.3.3 不確証

しかし，e が真ではない，つまり比重計が別の値を示したことが判明したとする。このときには $p(h|\neg e)$ を計算する必要があ

---

2 $p(e|h)$ と $p(e|\neg h)$ の合計が 1 になる必要がないことに注意。

り，再びベイズの定理を使う。$p(\neg e)$ と $p(\neg e|h)$ の値が欲しい。$p(\neg e) = 1 - p(e)$ なので，$p(\neg e) = 0.14$ である。$p(\neg e|h) = 1 - p(e|h)$ であることも証明でき，したがって $p(\neg e|h) = 0.1$ となる。

そして，$p(h|\neg e) = 0.1 \times 0.95/0.14 = 0.67...$ と劇的な低下である。h は不確証されたが，プロコプは麦汁の比重が 1.045 であることにもっと強い確信を持っている（どんな値が 0.5 未満の $p(h)$ を導くか算出してみたいと思った方もいるかもしれない）。

確証と不確証の説明は，おそらく意外なものではないだろう。仮説と証拠の間の関係を説明するにあたっては，これはもちろん望ましいことである。しかし，ベイズ的な考え方の検証は，より難しい科学的エピソードへと入っていく。

3.3.4 僕は優れた醸造家なのか？―反証

プロコプはすぐに経験豊かな醸造家になった。彼は自分のレシピを考え始め，それは（特にホームシック・ピルスナーのものは）称賛を得るに十分なものだった。しかし，彼は難問にぶつかった。彼の方法はうまくいきすぎるようなのである。説明すると，モルトからの発酵性糖の抽出率は，大麦の種類，どの程度うまく加熱や乾燥ができるか，貯蔵していた状態などの多くの要因に依存している。貯蔵状態もまた，麦がいつ搗精されたかに依存している（搗精されたのが最近なら，貯蔵状態の影響は小さくなるだろう）。抽出効率は，発酵性糖の可能な最大抽出量の割合である。例えば理想的な状況の下では，淡色麦芽（弱めに加熱されたモルト）1 kg に対して 1L の麦汁は比重 1.297 を持ち，フレーク状のトウモロコシ（量産型のアメリカのビールでよく使われる安価な発酵物）では 1.313 の比重となる。本によると，商業的な醸造企業ではおよそ 85％の効率とのことである。一方で自家醸造家は，強いビール

のための 80％から，弱いビールのための 90％まで，幅のある効率を得る（この情報のすべては Wheeler 1990: 125-7 から得た）。しかしプロコプは，比重の測定と計算の後，弱いビールに関して95％を超えた抽出率を得ていることに気づいた。彼は思った，「僕は優れた醸造家なのか？」。

ここで h を，「プロコプの抽出率は 90％未満である」という仮説とする。プロコプはホイーラーの本を長く権威として使っており，彼が常に正しいと考えている。この情報を基に，彼は 0.90という高い確率を h に割り当てる。反対に，ライバルとなる仮説は，「プロコプは実際に非常に優れた醸造家である」である。前述したように，彼は非常に慎重で，自身の使っているモルトに精通している。しかし，彼はホイーラーの見解により重きをおいている。

プロコプは今，信頼できる最新機器の販売業者から比重計を買った。彼は，比重計は非常に正確であり，比重が違うといった結果を出さないと考えている。しかし，比重計の値（1.050 と計算された）は，彼の抽出率が 95％以上であることを意味していた。彼は比重計の証拠を e と呼び，確率 0.95 を割り当てた。明らかに，もし e が真なら，h は偽である。したがって，$p(h|e) = 0$ となる。これは不確証の特殊な場合，つまり反証である。もし証拠によって完全に不確証されれば，仮説は反証される。確率 $p(h|e) = 0$のとき，e の生起は h の確率が 0 であることを意味する（その事前確率が何であろうとも）。これはベイズの定理を使えば容易に確かめられる。

3.3.5　僕は優れた醸造家なのか？―デュエム - クワイン問題
しかし我々は本当に，自らが持つ証拠がそれほど確かなものだと確信しているのだろうか？　比重計がちゃんと較正されている

かは，特定温度の既知量の水へ既知量の砂糖を溶かして確かめることができる。しかし今度は，温度計が正しく働いているか，水は純水なのか，砂糖に混ざりものはないのか等々を確かめたいと思うかもしれない。これは，典型的な懐疑主義的行動の単純かつ身近な例である。さらなる未知のこと（時にかなり自明なものになるが）を指摘することで，証拠は常に否定できるように見える。そしてこれら未知のものは永遠に増加させられるようにも。

実際，探究を行う際，我々はしばしばかなり広範囲の背景知識を仮定している──私は幻覚を見ているわけではない，それは同僚達によって組織的に仕組まれたものではない，我々の機器は設定した公差内で動いている，等々。実際には，よほど特殊な状況を除けば我々はこのような仮定を疑わない。背景的な仮定はしばしば補助仮説（auxiliary hypothesis）と呼ばれる。

補助仮説をいつテストするのかという問題は，科学的方法論の説明のいくらかにつきまとってきた。特に，仮説と証拠の間の結びつきを演繹的に考える方法（仮説演繹法的な説明）に対してはそれが顕著である。その理由を確かめるのは簡単である。もし何らかの理論 h と補助（諸）仮説 a が証拠 e を論理的に導くならば，e が偽だとわかれば論理的には h か a が偽ということになる。しかし，論理はどちらが偽かまでは教えてくれない。

この哲学的意味は重大なものになりうる。例えばクワインは，全体論（ホーリズム）を取り入れる理由としてしばしばこの問題に言及した。彼のよく使ったエピグラム，「外的世界についての我々の言明は，個々独立にではなく，1つの集まりとしてのみ，感覚的経験の審判を受けるのだ」（Quine 1953: 41〔『クワイン──ホーリズムの哲学』丹治信春，平凡社より〕）は，この視点をうまく表している。ピエール・デュエムのより早期の貢献も認めたうえで，これは現在ではデュエム‐クワイン問題として知られている。

デュエム‐クワイン・テーゼのクワインによる使用法の非常に簡単な説明を，補遺 A.7 に示した。

デュエム‐クワイン問題はまた，ポパーの科学的方法論に大きな問題をもたらす。ポパーによると，理論はそれが反証可能なら，つまりそれが偽であると証明できる証拠が存在する場合には，科学的である。しかし，デュエム‐クワイン問題を持ち出すと，実際にはどの理論も反証可能ではないように見える。証拠は，補助仮説への批判によって常に疑うことができる。したがってポパーの基準からすれば，科学的となりうる理論はおそらく存在しない。この問題の解決法は，実験的反証に関する責任を分け合う原理的な方法を見つけることだろう。ポパーとその後継者たちは多くの案を提出したが，そのいずれも高い評価は受けていない（その一部は Hawson and Urbach 1993: 131-6 で取り上げられている）。

デュエム‐クワイン問題を表現するもう 1 つの方法は，「理論は通常それ自体では経験的帰結（empirical consequence）を持たない」というものである。我々は既に，醸造についての理論が検証可能であるためには，付加的な仮定を必要とすることをみてきた。例えばニュートン力学それ自体は，太陽系の惑星の挙動について教えてくれない。それはあくまで質量，位置，運動量についての情報が付加的に与えられたときに帰結を持つものである。デュエム‐クワイン問題はしたがって，仮説と補助的仮定に対する証拠の影響の違いを区別できないいかなる科学的理論に対しても，深刻なものとなる。

3.3.6 デュエム‐クワイン問題のベイズ的説明

我々は既に，ベイズ的な方法論で不確証と確証を説明できることをみてきた。そこで次に，方法論の仮説演繹的説明も組み入れてみよう。ベイズ主義の支持者たちによると，これでデュエム

- クワイン問題もうまく扱えるはずである。そして仮定が疑わしいときに我々が通常，背景的仮定に注意を払わない理由を説明できる。補助仮定を a と明示的に表すとする。何らかの仮説 h を検証するときに，これらの仮定を確定したものと考え，$p(a) = 1$ とおく。しばしば仮定することが妥当なように，h と a が独立なら（次の次のパラグラフ参照），$p(h\&a|e) = p(h|e)$ である[3]。

　しかし，機器に不具合が起こることもある。そこでベイズの定理を使い，証拠により仮説と補助仮定に違う影響が出るところを見たくなる。影響が異なりうることは明らかである。$p(h|e)$ は $p(a|e)$ と同じになる必要がない（必要なら，自身を納得させるためにベイズの定理を全部書いてみるといい）。したがって予想に反する証拠は，仮説と補助仮定に同じように影響を与える必要はない。

　ここでプロコプの話に戻ることによって，これを現実の世界に引き戻してみよう。まず，語彙を以下のように書いて話を仕切り直す：

e － 比重が 1.035 と示される。

h － 抽出率が 90% 以下である。

a － 比重計や温度計は較正されている，計算表は正しい，幻覚を見ているわけではない……等々。

1.035 の初期比重では軽い（弱い）ビールが作られる。e と a は同時には h と両立しない。

　単純化のために，e と a は独立という仮定を置く（デュエム‐クワイン問題ではよく行われる）。プロコプの話の場合では，比重が特定値であることは，温度計の較正には影響しない。もし私の温度計が間違って較正されていたら，それは強いビールを作ったか

3　これを証明するためにはベイズの定理，Box 3.1 の式 2，そして独立の仮定を使う。

らではない。

　最も重要なのは，もし e が真なら，h と a が一緒に真にはなり得ない点である。つまり $p(h\&a|e) = 0$ である。しかし，どちらが偽なのだろうか？ $p(h|e)$ と $p(a|e)$ の値をどのように求めるかを Box 3.1 に示した。$p(h)$，$p(a)$，$p(e|h\&\neg a)$，$p(e|\neg h\&a)$，$p(e|\neg h\&\neg a)$ の値が必要となるのがわかる。

　プロコプは機材を有名な科学機器メーカーから買い，調子よく使えている。それらがちゃんと較正されているか疑う理由は彼にはない。プロコプは幻覚剤を使っていないし，他におかしな感じもない。したがって，機器の正確性（と彼の精神状態）に関する補助仮定の事前確率は非常に高い。以下とおく：

$$p(a) = 0.99$$

そして前述のように，彼は仮説が真だと強く確信している。つまり：

$$p(h) = 0.90$$

機器は機能しており，比重計は 1.035 を指し，抽出率が実際に 90 ％を超えた場合を考える。機器は機能しており，かつ対立する仮説（プロコプは優れた醸造家である）が真の場合である。そして読み取られた値に特に変な点はない。実際には我々はこれを予想しており，下記となる：

$$p(e|\neg h\&a) = 0.9$$

次に，機器が間違って較正されており，かつ抽出率が 90 ％を超えていると仮定する。決定的な因子は較正ミスである。機器が間違って較正されている場合，仮説に対する特定方向へのバイアスは予想されていない。1.035 より高めの数字が出ているかもしれないし，低めの数字が出ているかもしれない。実際には値がとる

可能性のある一定範囲がある。しかし，この範囲には制限があり，例えばおよそ 1.025 〜 1.040 の間である。あるモルトの使用量に対し，この段階的変化は 25 の異なる値から成る範囲を与える。我々はこれらに同じ値を割り当てるが，実際には必ずしもその必要はない（ここでは第5章と第6章で取り上げる論理説的対称性を使っている）。すると確率は下記となる：

$$p(e|\neg h \& \neg a) = 0.04$$

考えるべき最後のケースは，機器が実際には間違って較正されており，しかし抽出率が 90 ％と期待される場合である。前述と正確に同じ推論を使うと，以下のようになる：

$$p(e|h \& \neg a) = 0.04$$

計算すると：

$$p(h|e) = 0.02...$$

そして

$$p(a|e) = 0.977...$$

ここで挙げた例は，2 つの仮説しかないやや簡単なものである。この例は，$p(e|\neg h \& a)$ が大きな値を持つ影響を受けている。つまり，対立仮説は証拠を予測している——h によって失ったものは，$\neg h$ によって得られる。もしこのような対立仮説がない場合（つまり，プロコプはモルトに精通しておらず，$p(e|\neg h \& a)$ が必ずしも大きくなく，おそらくはむしろ非常に小さい場合），その他の多くの仮説が e によって与えられる確率を共有し，そのため仮説の不確証は概してそれほど大きなものにはならないだろう。もちろんこれはまさに我々が予想していたことである。

124

Box 3.1 デュエム - クワイン問題を解くために必要な式

$$(1) \quad p(a|e) = \frac{p(e|a)p(a)}{p(e)}$$

$p(a)$ が与えられ，$p(e|a)$ と $p(e)$ の値を決定する必要がある。全確率の定理の１つのバージョンが下記を与えてくれる：

$$(2) \quad p(e|a) = p(e|a\&h)p(h|a) + p(e|a\&\neg h)p(\neg h|a)$$

（h と a が単独では経験的な含意を持たないため，このバージョンが必要である）。h と a は独立で，同時には e と両立しないため，(2) は以下のように単純化できる：

$$(3) \quad p(e|a) = p(e|a\&\neg h)p(\neg h)$$

ここで下記を解く必要がある：

$$(4) \quad p(e) = p(e|a)p(a) + p(e|\neg a)p(\neg a)$$

したがって必要なのは：

$$(5) \quad p(e|\neg a) = p(e|\neg a\&h)p(h|\neg a) + p(e|\neg a\&\neg h)p(\neg h|\neg a)$$

これは h と a の独立性から以下に単純化できる：

$$(6) \quad p(e|\neg a) = p(e|\neg a\&h)p(h) + p(e|\neg a\&\neg h)p(\neg h)$$

(3) と (6) を (4) に代入すると：

$$(7) \quad p(e) = p(e|a\&\neg h)p(\neg h)p(a) + \\ [p(e|\neg a\&h)p(h) + p(e|\neg a\&\neg h)p(\neg h)]p(\neg a)$$

最後に，(3) と (7) を (1) に代入して：

(8) $\quad p(a|e) = \dfrac{p(e|a\&\neg h)p(\neg h)p(a)}{p(e|a\&\neg h)p(\neg h)p(a) + [p(e|\neg a\&h)p(h) + p(e|\neg a\&\neg h)p(\neg h)]p(\neg a)}$

次の式に対しても同様の計算を繰り返すと：

(9) $\quad p(h|e) = \dfrac{p(e|h)p(h)}{p(e)}$

以下が与えられる：

(10) $\ p(h|e) = \dfrac{p(e|h\&\neg a)p(\neg a)p(h)}{p(e|h\&\neg a)p(\neg a)p(h) + [p(e|\neg h\&a)p(a) + p(e|\neg h\&\neg a)p(\neg a)]p(\neg h)}$

しかし，何をもって解決とみなすか（そして何を問題とみなすか）に依存して，これが解決となるかには疑問の余地がある。異なる値を考えれば異なる結果が出るだろう（これはベイズ主義の問題点とみなすことができる。3.8 節および 3.9 節のメインテーマの1つである）。

デュエム - クワイン問題に対するベイズ的アプローチの重要な文献を挙げると，Dorling 1979，Redhead 1980，Howson and Urbach 1993，Jeffrey 1993 がある。最近のより進んだ議論としては，Bovens and Hartmann 2003: 107-11，Strevens 2001，そして Fitelson and Waterman 2005 と Strevens 2005a のやりとりがある。

3.3.7　その他のベイズ的解決

　ここでベイズ的な関係性の説明を Box 3.2 にまとめた。これら
の関係は，科学哲学における多くの積年の問題に対するベイズ的
解決法の提案に使われてきた。興味のある読者には，この問題の
バイブルと言ってもいい Howson and Urbach 1993 の特に第 7
章を推薦しておく。

　最近急速に拡大しているもう 1 つの関連分野が，量的なベイ
ズ的確証理論である。本書では確証と不確証の比較だけを議論し
てきた。しかしベイズ主義は量的な理論であるため，確証の度
合いに対する理論も得られるのではないかと思える。この分野
の最近の論争は，Milne 1996 によって口火が切られた。その後，
Christensen 1999 と Eells and Fitelson 2000 も鍵となる重要な
貢献を行った。フィテルソンの 2001 年の博士論文には，この分
野の有益な歴史的まとめと，2000 年までの議論が記載されてい
る（Fitelson 2001）。この論争は，ハウソンとアーバックがベイ
ズ的解決法と呼んだものに光を当てた（あるいは疑問を投げかけ
た）。

　長い放置期間の後，ベイズ主義は爆発的な人気を獲得した。本
書執筆時点でベイズ主義は，哲学的な文献で言及される「経験か
ら学ぶこと」に対する非常に有力な説明手段となっている（ただ
し統計学的な文献ではまだそうではない）。しかし，ベイズ主義に
対する疑いは残っている。これからそれをみていこう。

Box 3.2　ベイズ的な確証関係

確証関係

●立証

プロコプは明かりのスイッチを押した。明かりがついた。彼は,「電球は焼き切れていない」という命題は真だとみなした。

●反証

プロコプは明かりのスイッチを押した。明かりはつかなかった。彼は,「電球は焼き切れていない」という命題は偽だとみなした。

●確証

プロコプは明かりのスイッチを押した。明かりがついた。彼は,「電球は焼き切れていない」という命題が真である見込みは高いとみなした。

●不確証

プロコプは明かりのスイッチを押した。明かりはつかなかった。彼は,「電球は焼き切れていない」という命題が真である見込みは低いとみなした。

●補助仮説の不確証

プロコプは明かりのスイッチを押した。明かりはつかなかった。彼は別の部屋の明かりを確認し,それらがつかないことを発見した。そして家全体に電気が来ていないと結論した。彼は,「電球は焼き切れていない」という命題の真偽は同じ見込みのままだとみなした。彼は「この家の電気は機能している」という補助仮説を不確証した。

●メイン仮説の不確証

プロコプは明かりのスイッチを押した。明かりはつかなかった。彼は別の部屋の明かりを確認し,それらがつくことを発見した。そし

て家全体の電気は来ていると結論した。彼は明かりのスイッチを確認し，ちゃんと動くことを確かめた。彼は，「電球は焼き切れていない」という命題を不確証した。

ベイズ的説明

◆語彙

・明かりのスイッチは機能している $= h$

・スイッチをオンにすれば明かりがつく $= e$

・家に電気は来ている，フィラメントは壊れていない等々 $= a$

・p は最初の確率分布，p' は e の学習後の確率分布である。

　（単純化のため，確率は 0 でないと仮定する）

●立証

$p(h|e) = 1$，したがって，e なので $p'(h) = 1$

●反証

$p(h|\neg e) = 0$，したがって，$\neg e$ なので $p'(h) = 0$

●確証

$p(h|e) > p(h)$，したがって，e なので $p'(h) > p(h)$

●不確証

$p(h|\neg e) < p(h)$，したがって，$\neg e$ なので $p'(h) < p(h)$

●補助仮説の不確証

$p(h\&a|\neg e) < p(h\&a)$，ここで $p(a|\neg e) < p(a)$ かつ $p'(h) = p(h)$，したがって，$\neg e$ なので $p'(a) < p(a)$

●メイン仮説の不確証

$p(h\&a|\neg e) < p(h\&a)$，ここで $p(h|\neg e) < p(h)$ かつ $p'(a) = p(a)$，したがって，$\neg e$ なので $p'(h) < p(h)$

3.4 ダッチブック論証の問題点

ベイズ主義については主に 2 種類の懸念がある。1 つは，ベイズ主義の基盤に対する懸念である。例えば，ダッチブック論証の解釈，その妥当性，適用範囲などの問題点と関連する。2 つ目の種類の問題は，一般的な意味での科学（と経験から学ぶこと）の説明としてのベイズ的な考え方の適切性に関する疑問である。この懸念はつまり，「ベイズ主義は科学者（あるいは少なくとも合理的な人々）が行うことを適切に表しているのか」ということである。本節では前者の問題を取り上げ，3.8 節で後者の一例を議論する。

ダッチブック論証の基礎にかかわる主な問題は，それをどう解釈すべきかという疑問である。おそらくはデ・フィネッティに帰すことができる 1 つの見解は（同時期にラムゼイもこの問題を明示的に議論した），論証を「文字通りに受け取る」というものだろう。もし，賭け視点からの不確実性の明示的な評価における確率計算に従わないなら，その人は賭けで負ける危険性に身をさらしていることになる。しかし，物差しに例えるともう一方の端（おそらくデ・フィネッティもこちらに含まれる）には，ダッチブック論証を「ドラマのような物語」とみなす人々がいる。この視点では論証を，現実の帰結を導く何らの現実的な信念も伴わないものとみる（仮想的解釈）。これら 2 つの極端な立場を説明した後，このような物差しには囚われないと主張する 3 番目の解釈に取り組むつもりである（ダッチブック論証のこの概観は Childers 2009 の大枠に従った）。

3.4.1　ダッチブック論証の文字通りの解釈

　先ほど，信念の度合いの指標となる特定オッズを用いた賭けに
対する意思について議論した。しかし，私自身もそうであること
を強調しておくが，賭けの嫌いな人も多い。賭けごとへのこのよ
うな嫌悪は，提示するオッズを歪めうる。したがって，賭けは実
際の信念の度合いとは関連していない可能性がある（私にとって
は確実に関連していない）。この反論はおそらくシックによって最
も強烈に主張された(Schick 1986；Armendt 1993 も参照)。さらに，
第3の公理に関するダッチブック論証を考えてみよう。これは実
際には，「お金の価値は加算的である」という仮定を必要とする。
ここで，私は限られた収入の一部をとっておき，真だと強く信
じているが確信はない A への賭けの購入を考えているとしよう。
もし私が A への賭けを買うしかないなら，私は高い金額を支払
う。つまり私は高い賭け割合を与える。しかしここで，A と排反
なもう1つの命題 B への賭けを買う機会もあると仮定してみる。
A だけを買う場合に払うつもりの金額に比べ，複数ある賭けの一
部としてそれを買う場合には，A への賭けに同額を支払う意思が
小さくなるというのは自然に思える（私の予算への負担を最小限に
するために）。多くの人も同様に感じるのではないだろうか。複
数の賭けを買う場合には，それぞれの賭けには少ない額しか払い
たくないだろう。なにより，リスクを嫌う私のような人間がギャ
ンブルをする場合には，より少ないリスクにしか身をさらしたく
ない。
　シックは，「賭けを組み合わせて提示する場合でも，単一の場
合と同じ賭け割合を提示する」とする仮定を，"価値の加算性
(value additivity)"と呼んだ。この反論のもう1つのより慣例的
な言い方は，「お金の価値は単純な方法では足し合わせできない」
というものである。しかし，ことあるごとに指摘されてきたが，

ダッチブック論証はお金の価値が単純に足し合わせできることを
仮定している。私にはこの批判は正しいように思える。フェアな
賭け割合 p は，特定の賭け状況から得られる比率である。その状
況で賭けを行う人は，対象となる命題が真であるかどうかに対し，
一定金額 a を獲得するために一定金額 b を失うリスクをとる意思
を持つ。a と b がどんな大きさであろうともこの比率が同じだと
いう仮定は理に適わない（この批判はまた，第 4 の公理のダッチブッ
ク論証に対しても当てはまる）。多くの人は，賭けの金額が大きく
なると，より保守的な率を提示するだろう。したがってダッチブッ
ク論証は，お金の価値の足し合わせ方に関して明らかに間違った
仮定に基づいているようにみえる。

　この批判に対する 1 つの標準的な反論は，「この論証での賭け
に要求されるのは，全財産と比較して小額を使うことのみである。
そのためお金の非線形的な歪みの影響は最小化される」というも
のである。もちろんこれには価値とお金の関係に関する独立した
理論が必要となり，その検証は簡単な課題ではない。しかし，こ
れが可能と仮定してでさえ，別の問題が出てくる。もしお金の合
計が小さすぎたら，賭ける人は用心深くオッズを与える動機を失
う。つまるところ，賭けの総金額が 50 チェコハレル［2019 年 5
月の為替レートで ≒ 2.5 円］なら，勝つか負けるかなどどうでもい
いことである。しかし，もし賭け金額が大きすぎると，保守的に
なる動機となる。いずれの場合でも，あなたの賭けは信念の度合
いを示していない。したがって我々は，賭けが実際の信念の度合
いと釣り合う "魔法のポイント" を見つける必要がある。しかし，
異なる多数の命題に賭ける場合には，そのような魔法のポイント
は存在しないことが判明するかもしれない——個々の命題に対す
る賭けは小さすぎ，命題の組み合わせに対する賭けは大きすぎる
といったように。表出する行動と信念との間の関係は，単純では

ないのである。

　ここで，別の方法も考えられる。効用の単位と紐づけできる通貨を構築するために，くじ引きという仕組みを使うことである。例えばサベージは Smith 1961 に引き続く 1971 年，このような通貨の構築に言及した（Savage 1971）。対象となる人がフェアと言って構わないとする機構がいくつか考えられる。ここでは宝くじの例を使おう。フェアな宝くじとは，「いかなる特定の抽選券の当たる見込みも同じ」と参加者が考えるものである。ここで，宝くじの賞金をすべての抽選券の価値と同じと考え，抽選券を賭けの通貨単位として使えるものとする（極端な場合を考える。宝くじのすべての抽選券を保有すると，あなたは当選者となる。したがって，抽選券すべては賞金と同じ価値を持つ。ただし，抽選券の価値が均等に分けられるというのは再びかなり強い仮定に基づいていることに注意）。基本的な仮定は，「我々はこのようなくじやその他のチャンス機構を（常に）見つけることができる」というものである。私はこれが可能と考えるが，この点についてはまた戻ってくる。しかし，効用的な通貨はまだ，確率の引き出しに際して賭けを用いるアプローチへの批判を和らげてはいない。

　このような批判者の１人がプロコプの隣人の牧師である。彼はプロテスタントだが，親しみやすい人物ではない。彼の厳しい目つきはプロコプを非常に緊張させる。牧師は，プロコプがピンクの靴を持っている理由になぜか興味を抱いているようである。牧師は酒は飲まず，ギャンブルもやらない。彼は『ダンジョンズ＆ドラゴンズ』を悪魔のゲームだと考えている。彼はプロコプの顔と靴を交互に睨みつけながら，その手のことをよく話す。ある日プロコプは，確率と賭けごとの関係を勉強していることをついしゃべってしまった。結果，ギャンブルの悪徳について５分間の怒りの説教を受けた。

　誰も牧師から賭け割合を引き出せないであろうことは明らかである。したがって，賭けと牧師の信念の度合いとの間に関連はない。なぜなら彼は決して賭けをしない。この関連の断絶に対処する 1 つの慣例的な方法は，それを無理やり作りだす，つまりこの場合では牧師に賭け割合を提示するよう強いるというものである。この考えはプロコプを戦慄させた。なにしろ彼は，牧師がどれほど喜んで殉教者になりたいと思っているかをよく知っているからである。信念と行動との関連に関しては，牧師のような反例は排除したくなるかもしれない。しかしその場合には，合理的な賭けをする人がどういったものなのかに関する別の現実的な理論を提出しなければならない。そしてこれは，我々の理論が解決を目指している問題そのものである。したがって我々は，牧師を合理的でないと呼ぶための独立した基盤を考案する必要がある。このことは，ダッチブック論証のシンプルな経験主義的図式を大きく損なう。

　実行する際の詳細はともかくとして，賭けに参加させるには牧師を襲う必要があるのだろうか？　おそらく彼の靴を取り上げるくらいはできるかもしれない。では，もし賭けを契約（合理的だと思われる）とみなした場合，強制されたものでもそれは妥当性を持つのだろうか？　ホッブズなら「イエス」と言うだろう。彼は『リバイアサン（第 14 章）』で，「恐怖によって強要された契約は成立する」と主張している。さらに，どうすれば牧師からオッズを引き出すことができるのだろうか。もし彼が口を噤むことを選んだら，あるいは聖書の一節を暗唱することを選んだら，彼が賭けで何らかのオッズの受け入れに同意するか反対するか，確認する方法はない（1991 年のミルンの主張では，ベイズ主義は賭けへのこのような強制を実際に要求することで，信念の度合いとは一致しないオッズを与えているとされる）。

　最後に挙げる考えられる反論は，「我々は理想化を扱っており，このような現実の行動上の不都合はこの議論で重要視する必要はない」というものである。しかしこの理想化は，自然な理想化ではない。なぜ我々のダッチブック論証のストーリーの主人公は，論証が機能する形で賭ける性向を持つのか？　この反論は，先ほどと同様の論点先取である。なぜこの理想化で，他の理想化ではないのか？

3.4.2　仮想的（as-if）解釈

　ダッチブック論証の先述の解釈では，対象者はフェアな価値と思えるいくらかの量を指摘するだけではなく，実際にお金を賭ける意思を持つものとされる。これは過度に行動主義的である。ある状況下で行動と信念にいくらかのつながりがあるときでさえ，考えと行動は必ずしも密接に結びついているわけではない。ハウソンとアーバックは，ダッチブック論証のよりよい解釈は反事実的解釈だろうと主張した（Howson and Urbach 1993）。この場合の賭け率とは，仮にある人が賭けを行うとしたら，ある人が提示を行うであろう割合である。

　　効用という観点から選択肢の価値を測定しようという試みは，慣例的には信念と行動との間のつながりを作り出そうとする方法であり，多くの最近のベイズ主義的文献はこれを出発点とした。我々は何も，適切な状況で信念が行動的帰結をもたらすことを否定したいわけではない。これは明らかに正しいが，一定の正確性をもってそれがどのような状況なのかを述べるのは，不可能ではないにしろ困難を伴う課題である。……我々が引き出そうとする結論，つまり特定の条件を破る信念は整合的でないということは，単にある人が特定の方法および条件で賭けを行うとしたら起こるであろうことの帰結を見

ることによって得ることができる。(*Howson and Urbach 1993: 77*)

　この解釈は，論証の「文字通りの解釈」より優れているように思える。お金の加算性や，賭けの嫌いな気の向かない対象者についての問題を回避できるように見える。実際にはお金は動かないからである。この解釈の下でダッチブック論証は，理想的な行動と矛盾しないルールを持つ思考実験とみなされる。

　次に，この仮想的解釈をどう解釈するのかという疑問が出てくる。自然な方法は，反事実的に，つまり賭けの意思を仮定的に読み取ることだろう。そして，このような反事実を扱う標準的な意味論，ルイス‐スタルネイカー意味論がある。残念なことに，ダッチブック論証のこの解釈は，ルイス‐スタルネイカー意味論とは相容れない。これは第 3 の公理に対するダッチブック論証の以下のような定式化からみることができる：

(1) 仮にあなたが A に賭けるのなら，あなたは p をフェアな賭け割合とみなすだろう

(2) 仮にあなたが B に賭けるのなら，あなたは q をフェアな賭け割合とみなすだろう

したがって，

(3) 仮にあなたが A と B に賭けるのなら，あなたは p と q をフェアな賭け割合とみなすだろう

これはいわゆる前件強化の反事実的誤謬の例である。すなわち，「もし A が事実だったら C である」から，「もし A と B が事実だったら C である」という議論を行っている。例えば，反事実的条件文「仮に私がバス停まで走っていれば，私はバスに間に合っただろう」が真だとする。しかし，もしバスが早く来たり，そもそも来なかったり，あるいはブラックホールに吸い込まれた

りすれば，私が走ってもバスには間に合わないだろう（この論証
は Anand 1993 での同様の議論に出ている話を使っている。反事実的
条件の前件［「X ならば Y」の X の部分］強化に関する議論は Lewis
1973: 17 でみることができる）。

　この論証は別の論理によって定式化できるのではないかと思わ
れるかもしれない。つまりルイス‐スタルネイカー意味論を用い
た反事実的条件は，単にこの論証の定式化の方法としては正しく
ないのではないかと。しかし，仮想的なダッチブック論証をもっ
ともらしく定式化するいかなる論理もまた，論証が妥当ではない
と示すようである。

　プロコプのアメリカ人の友人ハロルドを考える。彼は周囲から
ダーティー・ハリーとして知られている（危険な汚れ仕事をこな
す本家とは違い，彼の場合は衛生的な意味で"汚い"）。ダーティー・
ハリーはプラハに住んでおり，今は夏である。彼は自殺したいと
思っている（彼はプラハに住み，これは素晴らしいことだが，彼にア
プローチする女性はいない）。そのため，彼は自殺したいという傾
性（disposition）を持っている。しかし，暑い。彼にはビールを
飲む傾性もある。彼はまずビールを飲むと仮定する。するともう
自殺をしたいとは思わなくなったようである。なぜならビールは
美味く，そしておそらく悩みを忘れるほど飲んだから。あるいは
飲みすぎて路面電車の前で躓き，自らの手で自殺する前に轢かれ
てしまったのかもしれない。逆に，自殺してしまえばビールを飲
むことはできない。つまり，ビールを飲むというダーティー・ハ
リーの傾性は，自殺という傾性を妨げる。

　反事実的アプローチは，お金の価値の非加算性のような阻害因
子を排除するために導入された。しかし，行動に対する傾性を忠
実に表すいかなる論理も一般に，（ビールと自殺のような）連続的
にあるいは一緒に現実化しない傾性も表現している。そしてこれ

は, ダッチブック論証が妥当でないことを意味する。なぜならダッ
チブック論証では, 傾性は連続的に, あるいは一緒に現実化する
と仮定しているからである。したがってこの解釈も, やはりうま
くいかないようである (ハウソンはこの解釈に対する支持を撤回し,
次項で議論する論理的解釈の支持へと回ったことを指摘しておく)。

　ダッチブック論証は消え去る運命にあるのだろうか？　ここま
でに議論した 2 つの解釈では, そう思える。しかし, ダッチブッ
ク論証の解釈がとりうる連続体がある。片方の極は実際の行動へ
訴え, 反対の極では仮定の話を考える。連続体の極の両方が, こ
の論証に基盤を提供するに十分ではない。そしておそらくこの中
間部分があるが, しかしそれがどのようなものなのか知ることは
難しい。

　さらに双方の解釈は, 信念と行動との結びつきを必要とする。
つまり, 信念が行動のための傾性であることを必要とする。これ
は典型的なプラグマティスト (または経験主義者) の信念観であ
る。ラムゼイは 1927 年, この観点を, 文の意味は何らかの方法
で行動への傾性であることだととらえた。クワインもまた, 彼が
1990 年に執筆した『哲学事典 (*Quiddities*)』の「信念」の項目で,
信念を行動に対する傾性としてとらえ, 明示的にこの視点をダッ
チブック論証の行動主義的解釈と結びつけている。しかし, 賭け
における行動と傾性との結びつきは非常に弱く, その同定はあま
り意味がないと思われることをみてきた。我々は, 「信念とは行
動に対する傾性である」と言えるかもしれないが, そうであるこ
とを確立できる位置には決して立てないかもしれない。

　ここまで議論してきた 2 つの解釈は, ダッチブック論証の経
験主義的解釈と考えられるものを守ろうという試みだった。この
解釈を守る最後の試みは, 信念という概念を完全に投げ捨てるも
のだろう。そして, 罰金 (つまり賭けの負け, あるいはスコアリン

グ・ルール的な視点：補遺 A.6.2 参照）と確率計算の視点からのみ，
議論を行う。しかし，「確率計算の順守」と「そのような順守の
帰結」とを単純に結びつける試みは，常に失敗に終わる。それは
論理と行動とを結びつける試みが失敗するのと同じ理由からであ
る。つまり，もし誰かが非論理的に，例えば矛盾を信じているよ
うに振る舞っても，必ずしも怒れる論理の神によって投げつけら
れた稲妻に打たれたりはしない。矛盾が問題とならない状況が（お
そらくは助けになる場合さえ）必ずある。したがって少なくともフ
レーゲの後では，論理は，現実あるいは想像上の帰結や，決断の
ような心理学的状態に関する粗野な訴えから正当化されるわけで
はない。むしろ，推論（やはり理想化されたものである）と関連す
る特徴を適切に捉えるという視点から正当化される。これはダッ
チブック論証の次の解釈へと我々を導く。

3.4.3 "論理的"解釈

最近注目を集めているダッチブック論証の解釈がある。確率計
算は純粋に論理的な意味で，信念の無矛盾性（consistency）とい
う概念を提供する役に立つというものである。この考え方は，第
5 章で取り上げるような，帰結（consequence）の一般化された概
念を提供する条件付き確率と対比できる。したがって本項の見出
しを"論理的（logical）"とした。このアイデアは，デ・フィネッティ
やラムゼイに見ることができる。近年，このアイデアを説明する
新しい方法が，コリン・ハウソンによって多くの論文で提出され
ている（初学者には Howson 2003 および Howson and Urbach 2006
を勧める）。

以下の議論では，古典論理学的なオーソドックスな定式化にこ
だわる（これによって大きな影響があるわけではない）。文の集合の
真理値が無矛盾であるとは，真理値割り当てに基づく基本的な意

味の定義［いわゆる原始論理式］が，その言語すべての文に拡張
できることをいう。ハウソンの例を使うと，もし $A \rightarrow B$ と A を
真と評価し，B を偽とするなら，基本的な意味の定義に一致す
る形で，この言語の他の文すべてに対して真理値を割り当てるこ
とはできない。彼が言うように問題は，$v(A \rightarrow B) = 1$，$v(A) =$
1，$v(B) = 0$ が与えられたときの等式系を解くことである。こ
のような真理値の割り当ての等式系に対する解は存在せず，し
たがって矛盾である。これはまた，$A \rightarrow B$ と A から演繹できる
ものを教えてくれる。つまり，$v(A \rightarrow B)$ と $v(A) = 1$ のときに
$v(非 X) = 1$ が無矛盾に割り当てできないようなすべての文 X が，
$A \rightarrow B$ と A から演繹できる文なのである。こうして帰結という
概念も同時に得られる。

　ハウソンに従うと，確率に対する無矛盾性の並行した概念にあ
たるものが，フェアな賭け割合を命題に割り当てることである。
命題の集合に対するフェアな賭け割合の割り当てが無矛盾である
とは，すべての命題に割り当てを拡張できることをいう。賭け割
合がフェアとなるのは，確率計算のルールに従うとき，またその
ときに限られる。フェアな賭け割合とは，我々の言語の意味論的
対象であり，真理値の類似物である。構文論は単純に確率計算で
ある。したがってラムゼイ - デ・フィネッティの定理は，ある種
の健全性や完全性の定理として働く。彼らは，構文論——確率計
算——と意味論——フェアな賭け割合——が完全に一致することを
示した。

　したがってハウソンは，自身がベイズ的解釈の論理的な読み解
き（どのようにして命題に数値を無矛盾的に割り当てるのか）を提出
していると考えた。これらの数値は，不確実性の特定側面のヒュー
リスティクスあるいは解明手段として機能するかもしれない。例
えばそれらの数値を，賭け割合とみなすことができる。しかしハ

ウソンによると，論理における真理という概念と同じように，ベイズ主義における不確実性という概念は，不確実性の確固たる理論とはかなりの程度で切り離されたままである。

　ダッチブック論証のこの解釈はもちろん，一方では行動と現実化した信念の，もう一方では行動と確率計算とのつながりを切断する。しかしこれは高い代償のように見える。なぜなら，ベイズ的認識論は信念についてのものである。そして信念は世界と一致するかしないかであり，我々の行動の指針となることで価値を持つからである。特に，フェアな賭け割合について語りながら，その一方で行動との関連を否定することは奇妙に思える。矛盾のない付値は真理という概念に関して何か重要なものを捉えているという意味で，真理と無矛盾性との間には非常に強い結びつきがある。しかし，信念の度合いと賭け割合との間にあるつながりは，それほどはっきりしたものではない。これはおそらく，基本的に信念は認識論的な概念であり，我々は実用主義的な理由からそれに興味を持っているためだろう。真理は，帰結から容易に切り離される形而上的な概念のままである。もし，実際の賭けと実際の信念，そしてフェアな賭け割合との間のつながりを取り除いたとしたら，ベイズ主義と認識論にはどんな関係があるのかと問いたくなるだろう（もちろん，真理は形而上的概念ではないと主張する人もいるだろう。しかし，真理を実用主義的または認識論的な概念へと還元することは単純に，ダッチブック論証の行動学的な読み解きという問題を導くと考えられる）。

　賭けとは関係しない形で信念の度合いと確率をつなげる別の方法がある。この読み解き方は，ダッチブック論証のハウソンの解釈とよく一致するようにも見える。それを次節でみていくことにしよう。

3.5　見込みからの確率

　プロコプはいくつかの賭けに勝ち，いくつかの賭けに負けた。彼は賭けで負けるのが好きではない。そしてプロコプは，ギャンブルにまったく魅力を感じないことに気づいた。さらに彼はオッズを考えるのが苦手である。そして賭けにいつも現実的な懸念を持っていた。いくらだと高すぎ，いくらだと安すぎるんだろう？賭けの胴元はいくらを得るんだろうか？　そして理論的な心配もあった。賭けとして考えることができなかった場合，彼は真の見込みの評価を本当に与えているのだろうか？

　『ホイール・オブ・フォーチュン』というプロコプの好きなテレビ番組がある。この番組では，ホイール・オブ・フォーチュン（運命の輪）というルーレットを中心にしてゲームが進む。ルーレットを回すのが参加者自身であるところが少し変わっている。ゲームの進行は，ルーレットの回転が止まったときに，固定された矢印がどの項目を指しているかで決定される。また彼は，ランダムに大学の講義に出るようになった（当然，講師の許可は得て）。その1つは，不確実性の導出についての心理学の授業だった。この偶然の一致から，プロコプは自分でもルーレットを作ってみようと思った。こういう場合，最も単純なものが優れた設計である。彼は任意の区域に色を配置できるルーレットを作成した。そして次のような質問で友人たちを困らせるようになった：「**図3-1**の暗い部分は明日雨が降る見込みを表している。絵と比べて，君の考える見込みは高い（あるいは低い）のか？」。

　彼らが十分に長い時間じっと座っていたら，つまり何度も繰り返し質問を受けると，通常は友人たちの解答が特定の範囲へ落ち

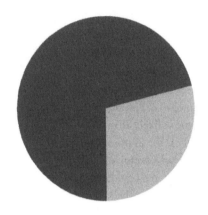

図 3-1 確率ホイール

着くことがわかった。彼は古い文献の記事を拾い読みしていたところ，これは"表現定理（representation theorem）"を導く基礎として使えることを発見した（信念の度合いとみなせる不確実性は，確率で"表現"できるという効果に対する議論。このような理由から表現定理と呼ばれる）。

　表現定理を使いながら，段階を踏んで進んでいこう。既に 3.2.4 項で代数学を使用したので，本節では代数学を補遺 A.6.3 に任せて省略する。表現定理の第一ステップは，見込みの観点から命題を順位付けすることである。ここでは"確からしい（probable）"などといった言葉ではなく，もっと洗練されていない言葉を使う［確率あるいは蓋然性の英語は"probability"である］。つまり，明日雨が降ることは，降らないことより"見込みがある（likely）"のか？　あなたの頭上に隕石が落ちてくることは，ルイジアナのレイクチャールズで美味いビールにありつけることより見込みがあるのか？　この表現における"見込み"は基本概念である。これは多くの方法で定義できるが，そうはせず，基本概念で明らか

に十分だろうと仮定する。いまはこの性質の解説を行うことにしよう（見込みは，ダッチブック論証と同じように，命題からなる体をなす集合上に定義されることになる）。

　見込みは質的確率（qualitative probability）の公理に従うと仮定する。公理は3つある。まず，それにどの程度の見込みがありそうかによって，命題を順位付けできると仮定する（2つの命題があれば，「片方はもう一方より見込みが高い」，あるいは「同じ見込みである」など）。2つ目に，もし2つの命題に対し，1つが少なくとも他と同程度に見込みがあるなら，考慮中の双方の命題と両立しないもう1つの命題を加えても，その関係は依然同じだと仮定する。フレンチの例えを使う（French 1998: 227）。もし次のサイコロの目が「5か6になること」が「目が1になる」のと少なくとも同様に見込みがあると考えるなら，我々は次のサイコロが「5か6か2になる」のは「1か2になる」のと少なくとも同様に見込みがあると考えるべきである。3つ目に，「確実な事象は不可能な事象より見込みがあり，あらゆる事象は少なくとも不可能事象と同じだけの見込みがある」という技術的な仮定をおく。

　これらの公理には，議論は（比較的）少ない。もしすべての見込みの順位が，対応する確率関係を決定し，そこでは見込みの関係性が維持されていると示すことができるならば（そしてその逆を示すことができるならば），都合がいい——実際，非常に望ましい——。すなわち，「任意の命題 *A* と *B* に対し，*A* が *B* より確からしい（probable）とき，そしてそのときに限り，*A* が *B* より見込みがある（likely）」ことを我々は示したい。しかしこれは示すことができない。クラフトらが証明したように（Kraft, Pratt, and Seidenberg 1959），このような対応はないからである（彼らは，5つの命題を順位づける質的確率が存在し，それらが順位を保持しない確率分布を持つことを示した。Fishburn 1986 には質的確率に

関する研究の概観がある）。したがって我々は，付加的な制約を必要としている。本節ではある“表現”を使って不確実性を視覚化し，見込みの順位と確率との間の望む対応が得られるようにしよう（3.6 節ではこの対応を手に入れるためにくじを使う）。

ここで，視覚化できる不確実性の表現を，フレンチに倣って参照試行（reference experiment）と呼ぶ。この際に使う表現の手段に決まりはないが，ここではホイール・オブ・フォーチュン（確率ホイール）を使う。これは（完全にバランスが取れ，滑らかな）回る矢印を備えた円盤である（参照試行は見込みと確率を一致させるために付加的な構造の提供を必要とすることに注意）。矢印が特定の点を指すことが事象である。ここで体をなす事象の集合を構築でき，これは点，区間，区間の組み合わせを含む。

明らかに，見込みは区間の長さと関連する。任意の2つの事象に対し，もし片方の区間の長さの総計（つまり円周の弧）がもう一方より長ければ，その事象はもう一方より見込みが高い（図3-2 参照）。

ここで，A は B と C より見込みが高く，B と C は同じ見込みとする。また，A, B, C は排反である（もし1つが起これば他は起こらない）。この長さは質的確率の公理に従い，ゆえに必要な数学的構造を与えてくれる。

表現の構築の最後のステップは，ホイール・オブ・フォーチュンと，元々の代数学における事象とを結びつけることである。それぞれの事象と，ホイールのポイントあるいは区間とを対応させる。確実な事象をホイールの全円周と，空事象を区間の長さ0と同等とみなす。取り上げた事象のホイールの円周の割合が，その事象と関連した確率である。図 3-2 のように，確率の公理がどのように働いているのかを非常に容易に視覚化してくれる。

これは，もし参照試行の助けを借りて不確実性を視覚化しよう

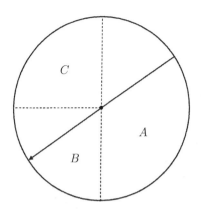

図 3-2　参照試行

とすれば，いくつかの非常に妥当な制約に従うと，不確実性すなわち信念の度合いが確率によって表現可能なことを示している。この表現はまた，ダッチブック論証の解釈を議論する手段を提供してくれる。この方法は明らかに"論理的"解釈と適合性がある。しかし，不確実性の導出を保証するという試みに対しては，罰金を導入することもできる。罰金の導入は，命題の真偽の価格を参照試行の面積と比例的に関連させることによって行う。それでもこの解釈は，賭けとは独立したままである。

3.5.1　見込みからの確率の問題点

不確実性に関するこの表現方法は，ダッチブック論証ほどには一般的ではない（実際，文献ではめったに議論されない）。一般的にならない理由はいくつかあると思われる。まず，人々に対し，「意味ある形で適用可能な，変化する見込みという既存概念」が利用可能であることを要求する。この点は疑わしい。仮にラムゼ

イらに従って，信念を行動の傾性と結びついたものととらえると
すれば（Ramsey 1926），信念の度合いはこの組み立てで要求され
るようには直接的な内省（introspection）に開かれていないかも
しれない。逆に，賭けの状況へとおかれることは，傾性を適切に
活性化し，信念の度合いの測定が可能となる。2つ目に，強制的
な要素が存在しない。そのためおそらく，信念の度合いについて
嘘をつくことができる。これはダッチブックの状況においては望
ましくないものとされている（もちろん，お金の効用の非線形性に
関する疑問は無視されている）。最後に，参照試行は平坦（フラット）
な分布を必要とする（各点が同じ確率を持つ参照試行を想像すると
いい）。これはかなり強い仮定とみなされる場合がある。

　私はこれらの異議がそれほど強力なものだとは考えない。しか
し読者には，私がかなりの少数派であることは覚えておいてほし
い。1つ目と2つ目の異議は，実際には同じコインの表裏である。
双方とも，信念は矛盾なく測定可能な形で現実化するという要求
に基礎をおいている。既に指摘してきたように，これは表現を使
えば実現可能である（ダッチブックのすべての問題点を共有するも
のではあるが）。最後の異議は，平坦な分布を前提とする第5章と
第6章で取り上げる確率解釈に対する支持の広がりによって緩和
されるように思える。

3.6　選好性からの確率

　夕食を作ろうと思ったヴラジミールは，ステーキがいいかチキ
ンがいいかプロコプに尋ねた。プロコプはチキンはそんなに好き
ではないが，温かい血が滴るレアステーキが大好きである。ヴラ
ジミールはある実験をやってみることにした。彼はプロコプに2

つのゲームを選ばせた。両方の場合で彼はコインを投げ、それをプロコプに見せる。第1のゲームでは、コインの表が出たら夕食はステーキで、裏ならチキンである。第2のゲームでは、表が出れば夕食はチキンで、裏ならステーキである。プロコプはどちらでもいいと答え、キッチンで早く料理に取り掛かってはどうかと言った。ヴラジミールはここで、「プロコプはコインがフェア（表が出るチャンスは50%）だと考えている」と推測した。もしプロコプがコインに偏りがある（例えば表が出やすい）と思っていたら、彼は第1のゲームを選んだであろうからである。

　この単純な方法を使って、効用の尺度を作ることができる。ここでヴラジミールがプロコプに、他にもさまざまな食事を提案したと仮定してみよう（そのうちの1つは彼特性のチェコ風〔正確にはパルドゥビツェ風〕パエリアである）。もしプロコプが、「パエリアを選ぶこと」と「ステーキ／チキンの50%ゲームを行うこと」に差がないと思っていれば、プロコプにとってパエリアは正確にステーキとチキンの間にランク付けされていると言える。十分な選択肢（と、それらが十分に存在すると仮定する効用理論）が与えられれば、同様のギャンブルによって、パエリアとステーキの間にランクされる料理、さらにパエリアとチキンの間にランクされる料理を見つけることができるだろう。そして、チキンと何かの間に入る料理、それとステーキの間に入る料理……という形で、好ましさの尺度を作ることができる。

　尺度の数字は、トップの料理が持つ数と、最も望ましくない料理が持つ数で決定される。例えばステーキが10で、チキンが0なら、チェコ風パエリアは5である。その他の順番は、それぞれに決定される。利便性を別とすれば、使われる特定の数字は重要ではない。尺度は互いに一意的に翻訳（変換）が可能だからである。温度がまさにこの例であり、多くの尺度（ケルビン、華氏、セ氏）

が互いに変換可能である。

　こうして好ましさの尺度が手に入った。これで任意のギャンブルの確率を決定できる。仮にプロコプが，ハムサンドイッチと南部風フライドチキンのどちらを昼に食べるかの選択に直面しているとしよう。そこでこの選択を，12面サイコロを振って決めることにした（彼は家に変わったサイコロをたくさん持っている。もちろん，『ダンジョンズ＆ドラゴンズ』のためである）。明らかにフライドチキンはサンドイッチより優れている（プロコプは激しく頷いている）。ギャンブルの内容は，サイコロで6より大きな数が出たらフライドチキン，そうでなければハムサンドイッチである。このギャンブルを L（ランチ Lunch を意味する）とおこう。彼は L に何らかの価値を割り当てるが，これも L と表す（表記法としてはぞんざいな，長らく使われてきた確率論の慣例に従う）。彼はまた，サイコロの目が6より大きかった場合にフライドチキンを食べられるギャンブルの価値に C を割り当てる。そして6以下だったときにハムサンドイッチを食べることに H を割り当てる。

　サイコロで6より大きな目が出る確率を p とおくと，個別のギャンブルを足し合わせて，下記のギャンブルの組み合わせが得られる：

$$L = pC + (1 - p)H$$

これは単純な代数学で以下のように表せる：

$$p = \frac{L - H}{C - H}$$

特定の数字は重要ではない（この尺度は温度の尺度のように使うのだから）。重要なのは，異なる尺度が互いに変換可能で，大きな数はより望ましい結果だということである。例として，$L = 6,$

$C = 9$, $H = 4$ だとする（つまりプロコプはサイコロがフェアだと
は考えていない！ 彼と『ダンジョンズ＆ドラゴンズ』を遊ぶとき
には忘れずに自分のサイコロを持ち込もう）。そうしてこの理論は，
望ましさと確率の双方の説明を同時に与えてくれる。なお，この
説明は完全にジェフリーから拝借した（Jeffrey 1983, chapter 3）。
理由は，ラムゼイの考え方は誰でもわかるようには書かれていな
いからである。ジェフリーは，ラムゼイのアイデアを非常にわか
りやすい形で解決する方法を提案してくれた。

ラムゼイ（とデ・フィネッティ）のアイデアを説明するもう1
つの方法を，Savage 1954 にみることができる。サベージは，彼（と
他の人）にとっては妥当と思える，選好を制御するある前提を置
いた。一様な確率分布を仮定することによって，ここまでにみて
きたのとおおよそ同じような方法で確率を得たのである。

最後になったが，フォン・ノイマンとモルゲンシュテルンが書
いた 1994 年の名著『ゲームの理論と経済行動（*Theory of Games
and Economic Behaviour*)』に，効用と確率の関係に関する別の説
明がある（より簡単な説明は古典となった Luce and Raiffa 1957 を
参照）。フォン・ノイマンとモルゲンシュテルンは，外部で生成
された確率を用いて主観的確率と効用を説明した。つまり彼らは，
ある仮定の下では，客観的確率を仮定すれば効用を測定できるこ
とを示した。結果として得られた形式的理論は，サベージの理論
と重要な特徴を共有している。

3.6.1　効用理論の問題点

もちろん，効用と主観的確率に関する効用理論的な説明には多
くの問題点がある。そのすべてを取り上げることはできない（し，
そのつもりもない）。しかしまず指摘できることがある。主観的確
率の効用理論的な正当化は，実際には主観的確率にこれまでと異

なる説明を与えているわけではない。前項の説明では，p は選好性から取り出されていた。しかし，選好性という視点から定義されているわけではない。またプロコプはサイコロがフェアだとは考えておらず，例えばサイコロの目に等確率を与えることによって確率が割り当てられているわけではない。そのため，このギャンブルにおける確率を定義するためには，何らかの理論を使う必要がある。

　実際，ラムゼイとジェフリーは双方とも，我々が考えているようなギャンブルにおいて主観的確率を使うのに，ダッチブック論証を持ち出した。既に述べたように，サベージが提示したのもおおよそ同じ主観的確率である。フォン・ノイマンとモルゲンシュテルンも同様の道をたどり，客観的確率を使って主観的確率を決定した。したがって効用理論は，これまでの主観的確率の正当化が持つすべての問題点を受け継いでいる。

　同様に，効用理論のすべてのバージョンは，特定の選択状況における独立性という概念を採用している。これは通常，公理の形式をとる（あるいは公理から導かれる定理の形式をとる）。この場合では，選択肢 A が別の選択肢 B より好ましいのは，「A か C のどちらかが得られるくじ」が「B か C のどちらかが得られるくじ」よりも好ましいときで，またそのときに限るとされる。つまり，第三の確率を組み合わせても，あなたの選好は変化しないはずである。双方のくじで，何らかの確率で C が得られる。違いは，A を得る確率があるか，B を得る確率があるかである。そのため，もしあなたが本当に B より A を選好していれば，それがどれだけ小さくてもあなたは A を得るチャンスを与えるくじを選好するだろう。

　この公理（または定理）は，数学的に"よい"効用理論には必須である。しかし同時に，効用理論に対する強烈な反例である"ア

レのパラドクス（Allais paradox）"を直接的に導く。以下の選択肢が提示されたと仮定しよう。あなたは次の 2 つからどちらかを選ぶ：

　A：100 万ドル

または

　B：89% のチャンスで 100 万ドル，10% のチャンスで 500 万ドル，1% のチャンスで 0 ドル

ここであなたは上記 2 つの選択肢から選んでほしい。

　次に，以下の 2 つのギャンブルの選択肢を提示されたと仮定する：

　C：89% のチャンスで何もなし，11% のチャンスで 100 万ドル

または

　D：90% のチャンスで何もなし，10% のチャンスで 500 万ドル

再び選択肢を選ぼう。

　おそらく，ほとんどの人が B より A，C より D を選好することに意外性はないだろう（もし払い戻しの大きさがこのような選好を与えないなら，10 でも 100 でも 5 でも，あなたがそうしたくなるまで数字を掛ければいい）。A より B，D より C を好む少数派に言及しておくのは意味がある。以下に述べることは，これらの選好にも当てはまるからである。そしてこれは，次のようなかなり大きな問題を引き起こす。もし我々が期待効用を最大化するために行動しなければならないなら，これらの選択は矛盾となるのである。何らかの金額の効用を生み出す効用関数 u を仮定しよう。期待効用を得るためには，この関数にある金額が得られるチャンスを掛ける。先ほどの選択肢でいえば，ギャンブル A の確実な効用は，

「100万ドルの効用の89％＋500万ドルの効用の10％＋何もなしの効用の1％」より大きいとわかる。

つまり，

$$u(100万ドル) > 0.89u(100万ドル) +$$
$$0.10u(500万ドル) + 0.01u(0ドル)$$

である。同様に，C より D を選ぶことは以下のように書ける：

$$0.90u(0ドル) + 0.10u(500万ドル) > 0.89u(0ドル) +$$
$$0.11u(100万ドル)$$

しかし，少し代数学を使えばわかるが，この2つの式を満たす関数 u は存在しない。最初の式の両辺から $0.89u(100万ドル)$ を引けば，下記が得られる：

$$0.11u(100万ドル) > 0.10u(500万ドル) + 0.01u(0ドル)$$

一方で，2番目の式の両辺から $0.89u(0ドル)$ を引けば：

$$0.01u(0ドル) + 0.10u(500万ドル) > 0.11u(100万ドル)$$

これは矛盾している。

　なぜこのような矛盾が起こるのだろうか？　理由は不等式の系を解く方法である。先のような不等式を解けることを保証しているのは，独立性の前提である。前述したように，この公理の存在は，効用理論を数学的にずっとスムーズなものにする。しかし同時に，間違った答えをも生み出す。

　アレのパラドクスに対する1つの非常に一般的な返答は，意思決定の"規範的な（normative）説明"と"記述的な（descriptive）説明"に区別を設けるというものである（例えば Savage 1954: 101-3）。この主張によると，「アレのパラドクスは，人々が実際

にどのように意思決定しているのかを期待効用理論が記述してい
ないことを示したが，しかし我々は人々がどのように意思決定す
べきかに関心を持つべきなのだから，これは大きな問題ではない。
つまり期待効用理論は，理想的な意思決定者がどのように決定
を行うかを記述したものである」とされる。しかしもちろん，期
待効用理論が意思決定において間違った結果を与えると大多数の
人々が考え，そして理論を受け入れるいかなる付加的な理由も見
当たらないようなら，実際にそれは間違っている。

　つまりは，期待効用理論の基盤の強さに関しては深刻な疑問点
が存在する。そしてそれは，不確実性の下での推論理論の基盤と
しての期待効用理論の妥当性に，深刻な疑問を投げかけるもので
ある。しかし，この分野は盛んに研究されている最中であり，実
際，経済学に大きな基盤を提供している。

3.7　信念の度合いと確率を結びつける　その他の論証

　他にも，信念の度合いと確率を結びつけるより難解な論証があ
る。例えばコックスによる論証（Cox 1946 および 1961）は信念に
対するある制約をおいたが，これは確率計算に従うことが明らか
になった。少し詳しくいうと，コックスは信念が測定できると仮
定した。そしてある非常に弱い制約が与えられれば，この測度は
確率へと変換できる。彼の論証は数学的に複雑なので，ここでは
哲学的文献に対して一定の影響を与えたようだとだけ言っておく
（詳しくは Howson and Urbach 2006, Howson 2009, Colyvan 2004
を参照）。これはおそらくコックスが信念の度合いに二階微分可
能であることを要求したからだろう（いくぶん興味深い制約であ
る）。パリス（Paris 1994）はこの制約を取り払った（しかし直観

的に明らかでない別の制約をおいた）。この議論も含めたその他の
トピックに対する優れた参考文献として，Paris 1994（明確な解
説も記載されている）と Howson and Urbach 2006 を挙げておく。

　最後に最近のこととして，ジェイムズ・ジョイス（アイルラン
ドの作家ではない）が 1998 年，真理値を評価するという考え方に
基づいた主観的確率の使用に関する論証を提出したことにはふれ
ておくべきだろう。このアイデアを乱暴にまとめれば，「我々は
可能なかぎり多くの真と少ない偽を信じようとすべきだ」という
認識論的主張の一般化に基づいている。彼は，「主観的確率とい
う概念は，このアイデアの部分的信念への適切な一般化になって
いて，スコアリング・ルール（補遺 A.6.2）を使ってダッチブッ
ク論証を一般化している」と主張している。

3.8　ベイズ主義は主観的すぎるのか？

　科学に対するベイズ的アプローチモデルには，多くの不満が提
出されている。入門書に書かれている批判でさえ概観できないほ
ど多い。しかし，それら不満はたいてい「ベイズ主義は主観的す
ぎる」という主張へと煮詰めることができる。デュエム‐クワイ
ン問題の解決に対するプロコプの確率割り当てを考えてみよう。
ベイズ主義は，なぜ彼がその数字を選んだかについては教えてく
れない。したがって，それら数字は完全に恣意的なものである可
能性がある。もしそれらが完全に恣意的なら，ベイズ主義は実際
にはデュエム‐クワイン問題の一般的解決を表してはいない。特
定の数字に関して解決しただけである。しかしなぜ，他の数字で
はなく，それらの数字なのだろうか？

　プロコプは，数字はまったく恣意的ではないと反論するかもし

れない。それら数字は彼の経験と、そして彼の観点の賛成 / 反対に関して得られた証拠の慎重な熟慮を反映しているのだと。これは確かにその通りなのだが、しかしベイズ主義的な考え方に従えば、同じ証拠を得た別の誰かは異なる確率を割り当てるかもしれない。ベイズ主義者にとってこれを排除する方法はない。実際これが、このタイプの確率を表現する際に "主観的" とか "個人主義的" といった形容詞が使われる理由である。つまり、確率は主観的で、嗜好の反映でしかなく、まったく客観的ではないことを意味しているといった議論もできる。しかし、科学(と一般的な学習)は、物事が実際にどうであるかに関心がある。つまりは客観的なものに関心を持つ。したがって批判者は、「ベイズ主義はその主観性の強さゆえに適切な科学的記述にはなり得ない」と結論するかもしれない。

3.8.1　ベイズ的学習理論

「ベイズ主義は主観的すぎる」という批判には多くの反論がある。

　妥当な反論の第一ステップは、経験からの学習に関するベイズ主義的な説明を提示することである。これは、仮説の支持あるいは不支持に働く証拠の発見を受けて、仮説の持つ確率がどのように変化するのかという議論と関連している。ベイズ的学習の通常の考え方に関しては、既に議論を行っている。この場合、学習を条件付けとして特徴づける。つまり e の学習が起こると、$p(h)$ は新しい値 $p'(h)$ をとる。これはベイズ則を使って簡便に計算できる場合が多い:

$$p(h|e) = \frac{p(e|h)p(h)}{p(e)} = p'(h)$$

e の学習が起こったときの $p(h|e)$ から $p'(h)$ への設定は、ベイ

ズ的条件付け（Bayesian conditionalization）と呼ばれる。ここで h の値は e を条件としている（我々はこの原理を，デュエム‐クワイン問題に関する議論を通して暗黙のうちに使ってきた）。

ベイズ的条件付けによる振る舞いの研究は，より多くの証拠が集まるに伴って確率関数がどのように振る舞うかを示してくれる。おそらく驚くことではないだろうが，ある一般的な条件が与えられたとき，確率関数は証拠に依存して特定値の周辺へと集中していくことがわかっている。もしコイン投げを行い，コイン投げが互いに因果的影響を与えないと信じ，同じ状況下で実施できるとすれば，確率関数の値は平均（コイン投げ全体に対する，表／裏として観察されたコイン投げの割合）へと収束するだろう。これは，多数のバージョンが存在する大数の法則の適用以外の何物でもない。

3.8.2　意見の収束

主観主義の問題点と関連する注目すべき応用に，"意見の収束"という結果がある。幅広い状況下において，開始時点では非常に異なる意見を持つ人が，同じ情報を提示されると次第に同じ意見を持つようになっていくことが示されているのである。最も有名なのはおそらく，「安定評価の原理（principle of stable estimation）」だろう。Edwards, Lindman, and Savage 1963 で最初に導入されたものである。ここでは彼らの例の改変版を示してみよう。

図 3-3 の最初のグラフ（左上）は，二項パラメータの偏りについての 2 つの確率分布を表している。例示のように，あるコインが偏っていることに対する 2 人の科学者の信念を使っている。これを表す最もシンプルな方法は，ベータ分布を使うことである（ベータ分布を使った理由，そしてその計算方法は，この論点に関しては重要ではない。よくできた——苦労の末の——図をどうぞ楽しん

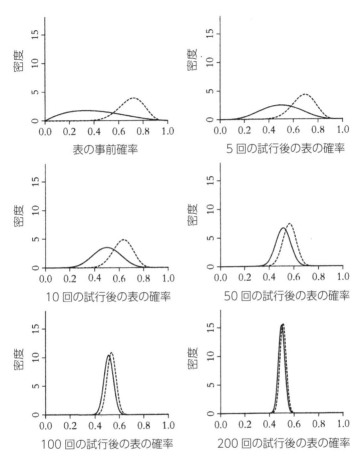

図 3-3　意見の収束

でほしい)。最初のグラフは，コイン投げで表が出ることに対する 2 人の科学者の最初の信念を表している。左の分布を「プロコプの分布」と呼ぼう。こちらはコイン投げで裏が出るほうに偏りがあるようだと考えている。右の分布は「ヤルダの分布」と呼ぶ

ことにする。こちらはコイン投げで表が出るほうに偏りがある見込みが高いと考えている（ヤルダはプロコプに比べて偏見が強いという意味ではない）。図3-3の他のグラフは，連続的な試行——普通のコイン投げ——の結果がどのように科学者の事前信念を変化させるかを示している。100回のコイン投げの後には，彼らの信念はデータと一致した形で落ち着く。プロコプとヤルダには当初は大きな違いがあるが，急速に合意に達する。最も重要なのは，この同意は2人の元々の信念とは離れたもので，完全にデータによって導かれているという点である。

この結果は，「事前確率に依存する主観主義は主観的すぎる」という不満に答えているようにみえる。もし事前確率が我々の観点を完全に決定するなら，我々の観点は単にバイアスの反映となるだけだろう。標準的な主張は，「この収束結果は，バイアスは証拠を前に消えていくことを示している」というものである（少なくともベイズ主義者にとっては）。

これは大きな成功と思える。ベイズ主義は我々を真実へと連れていく。しかし，どうやらこれは行きすぎた主張である。"独善的な"考え方をする人（またヴラジミールにご登場願う）を想像してみよう。彼はいつも自分が正しいと，絶対に正しいと考えている。そのため彼は自分の信念のすべてにいつも1（か0）の確率を割り当てる。ヴラジミールにとっての唯一の学習は反証であって，他のものではない。もしヴラジミールが既に正しくない場合，彼は決して正しくならないと示すことができる。一度1か0の確率を持つ仮説をおくと，それは変えられない——考え方の根本的な大転換が起こらない限りは。

意見の収束は，測度論の数学的定理による。これらは"測度0を除いて"の結果なのである。我々にとってこれは，「正しい方法で独善的であるとき（0を相応の場所，つまり実際に不可能な事

象に割り当てるとき），このような結果が成り立つ」ことを意味している。読者は，すべての 0 と 1 の割り当てを避けて，適当な中間の値にすればよいではないか，ヴラジミールと違って開かれた心を持つべきではないのか，と不思議に思ったかもしれない。しかし，もし我々が可算加法性（A.2.4.1 および A.6.1 参照）を維持するならば，確率を割り当てるべきあまりに多くの命題が存在するため，これは選択肢にならない［つまり，ある命題に対して 0 を割り当てることが数学的に避けられない］。Hajék 2003 にこのことに関するわかりやすい議論がある。

　前述のパラグラフでの困難は，事前確率の割り当てに関することだった。別の見方として，尤度の割り当てという視点からのものがある。もし我々が間違った尤度から検証を始めたら，証拠は正しい仮説へと貢献せず，学習はできない。残念ながら，例は豊富にある。例えば私が，1 万年前に世界を創造した偉大な神様の存在を信じているとする。しかしデカルトの神様とは異なり，私の神様は嘘つきである。神様はわざわざ，近代科学が正しく見えるような世界を造るという骨を折った。つまり，非常に古く，進化論に従う生命のいる世界である。この場合，あなたが私に提示するすべての証拠は，私の信念に影響しないか，補強するものになる。現在ではこのような視点を長期的に維持することは困難になったが，しかしそれができないことを意味しているわけではない（私を信じないのなら，青銅時代の技術を使って作られた船に地球上の全動物がどのようにして乗り込んだかについての説明をみてみればいい。さらにいうとその船は，乗り込んだ動物の 40 日間の食糧を積む部屋も備えているとのことである）。ただし，より恐ろしい可能性がある——そのような神が本当に存在し，近代生物学が間違っている。

　最後に，自然は意地悪にもなりうる。そして真実を我々から隠

そうとする。例えば我々は，多くのコインはフェアであり，数百回のコイン投げを行うと常に頻度 1/2 が得られると考えているかもしれない。しかしこれは，例えば表に関して 3/4 の相対頻度を持つ列の，ミスリーディングな始切片であるのかもしれない。もし自然が十分に長く存在するのなら，我々が決して真実へと収束しないように自然は振る舞うことができる[4]。

3.8.3　帰納の問題

　収束に関するこれら問題のすべては，一般的な帰納の問題を示している。過去の現象の観察は，未来の観察結果についての確実性は決して生み出さない。これはおそらくデヴィッド・ヒュームによって最も明確かつ衝撃的な形で提示されたが，彼の言葉がそのまま決定打となったようにみえる。観察からは（あるいはいかなるところからも，とヒュームなら付け加えたことだろう），理論について確実なことは決して得られない。しかし，状況はさらに悪い。ある背景仮定の下では，いかなる観察が得られようとも，どんな確率もそれら観察と矛盾しない。これはやはり経験によって我々に押し付けられたものではない。

　しかし，我々はある種の帰納法を採用しなければならない（実際，我々はよくそうする）。私は，何度も何度も歩いている床が足下で突然抜けるとは考えない。プロコプの醸造樽からコーラが出てくるとは予想しないし，自分の持っている硬貨が妙な動きを始めるとも予想しない。それはなぜか？　何が我々に，世界はある程度規則的に振る舞うだろうと考えさせ，未来で起こること

4　自然は汚くある必要さえない。自然は悪魔のように複雑なだけである。ダイアコニスとフリードマンは 1986 年，収束が失敗する場合について検証した（Diaconis and Freedman 1986）。同じ号には他にも別の角度からの見解に関する議論が掲載されている。

を決定するために過去の経験を利用させるのか？　おそらく我々は，何らかの原理を見出さなければならない。その原理とは，予測のために，あるいは少なくともコインや脳についての我々の信念を確証するために，部分的な情報を基にしたもっともらしい跳躍を可能にするものである。しかし，その原理はどのような属性を持つのだろうか？　それはア・プリオリなものではない。そのような原理が適用されない可能世界が存在しうる。実際，我々の知る限り，我々はそのような世界にいるようである。しかしそれがア・ポステリオリなら，我々はその原理を正当化する必要がある。しかし，原理を正当化できる唯一の原理がその原理自身だとしたら，それは循環論法だろう（問題のこのバージョンは，Kemp 2006: 5-6 からのものである）。帰納の問題に関するヒュームの有名な提示以来，哲学者はそれを回避しようと骨を折ってきた。しかし，誰もそれに成功しなかったという点に論争はない。ただし，何らかの形の解決が存在しうるのかに関しては，哲学者の意見は割れている。

　まとめると，ある条件のもとでは，もしベイズ的ルールに従うなら，我々は真実へと収束する。もしそれら条件が成立しないなら，そうはならない。一部の人にとって，これはベイズ主義に対する決定的な批判である。しかし一部のベイズ主義者にとっては，これは解決不能な問題に対する最も賢明なアプローチ法となる（もっといえば，否定的に解決されてきた問題に対する最良のアプローチ法である）。他のベイズ主義者は，帰納の問題をある程度緩和できる，事前確率に対する妥当な制約があると主張する。これが次項と，その後の章の議題となる。

3.8.4　通時的ダッチブック

　ベイズ主義的説明には，帰納の問題を悪化させるもう 1 つの問

題がある。これは条件付けそのものと関連している。ベイズ主義的方法論，そして経験からの学習という考え方の核心は，「確率を変化させることによって信念の度合いを変化させる」というものである。これは，もし証拠 e が与えられたら，これを反映するために確率を再設定し，$p(h|e) = p'(h)$ とおくことを意味する（ここで p' は新しい確率関数である）。このことを裏付けるダッチブック論証もある。これはデヴィッド・ルイスによるものだが，最初の報告は Teller 1973 である（Lewis 1999 はオリジナルの議論の再録である）。

$h|e$ への反対の賭けと，e への賭けを行うと仮定する（$h|e$ はこれまで通り，e が起こったときに賭けを行い，起こらなかったら賭けはキャンセルされるものとする）。ここで我々は，e または非 e を確認した後に異なる率で h に賭けるとする。もし e が起これば払い戻し表は以下のようになる：

e	払い戻し
T	$+ a$
F	$- b$

$h|e$	払い戻し
T	$- c$
F	$+ d$

h	払い戻し
T	$+ f$
F	$- g$

ご覧のように，もし $c > a + f$ かつ $g > a + d$ なら，確実な損失が保証されている［e が起こったときに，$h|e$ への反対の賭けと h への賭けを行う。e かつ h の場合，払い戻し金額は $a - c + f$ であり，e かつ非 h の場合は $a + d - g$ である。e が起こらないときには，$-b$ である］。これは賭けの総額を変えることによって簡単に達成できる［$p(h|e) > p(h)$ の場合］。したがって，この論証が示すのは，我々は h の信念の度合いを条件付けるべきだということである。そうでなければ，ダッチブックに対し無防備となる。異なる時間で行われる賭けが関与するため，これは通時的（diachronic）ダッ

チブックと呼ばれる。先に議論したダッチブックは，同じ時間で
行われる賭けが関与するため同時的（synchronic）なものである。
当然，4 番目の公理に対する 3.2.4 項で行った論証は，通時的ダッ
チブックにも適用できる。この論証の支持者は，ベイズ主義は我々
が思うよりずっと強力だと主張する。これは信念の集合に対する
無矛盾性の必要性を課すだけでなく，時間の経過を伴う信念の無
矛盾性の必要性を課す。

　この主張は激しい論争のなかにある。一方には，信念の度合い
の変化は条件付けによる必要はなく，他の妥当な理由による場合
もある，という反論がある。例えば，あなたの信念の度合いの
変化は，特定の証拠のためではなく，より広い意味の哲学的見地
の変化によるのかもしれない。歳を取ったあなたは丸くなり，も
はやそれほど過激な信念を抱かなくなったのかもしれない。ある
いは逆に，死に近づいたあなたは乱暴になるかもしれない。これ
らの変化は非合理なものではないように思える。しかし，もし条
件付けに対するダッチブック論証を受け入れたら，これらの変化
も条件付けとして分類されなければならない。一方では，理想
的に合理的な賭け人がどのように信念を変化させるか，新たな証
拠の獲得以外の何らかの形で理解することは困難だと見る人がい
る。この議論に深入りはせず，読者のためには古典的な論文 van
Fraassen 1984 と Christensen 1991 を挙げておく。

　条件付けに対する標準的な擁護は，この原理は特定の制限が与
えられた場合に適用できると考えることである（つまり，確率を"撹
乱する"変化が存在しない場合）。これはベイズ主義的学習理論の
限界の興味深い実例を提供するものではあるが，もちろん帰納の
問題に対する一般的解法を提供するものではない。

3.9 ベイズ主義は柔軟すぎるのか？ 十分に柔軟ではないのか？

　多くの人がベイズ主義的学習という考え方を支持する理由の1つは，それが非常にうまく機能すると言われているからである。我々は先に，そのような成功例の1つをみてきた。しかし，その成功は，特定の事前確率の適用に依存していることも説明した。もし事前確率が異なれば，うまくいかない可能性がある。正しい事前確率を入力したときにベイズ主義は我々の直観と一致するかもしれないが，これは同時に，ベイズ主義が持つ大きな柔軟性に伴う人為的な結果をもたらすことになる可能性を意味する。「正しい事前確率が与えられれば，それはなんでも説明できる」。この主張は，ベイズ主義が主観的すぎると批判される理由の1つである——客観的な基盤もなくベイズ主義はすべてを説明でき，つまりそれはおそらく何も説明してはいない。考えられる1つの非常にベイズ的な反論は，以下のようなものだろう：「確率計算（信念の度合いの計算として解釈される）はツールである。そしてツールとしての適性は，我々の直観を正しくモデル化し，それらを順位づける手段を提供するその能力に依存する」。しかしこの考え方は，どのようにしてか真実に直接的にアクセスする手段が存在すると信じている人にとってはあまりに寛大すぎる（この論争に関して，ここでは私はどちらにも肩入れしない。ただ懐疑主義的であり続けるだけである）。

　ベイズ主義に関するもう1つの懸念がある。よい科学理論にとっては重要となる，おそらくは定性的な特徴を取りこぼしている点である。例えばよい理論とは慣例的に，新しいことも古いことも解明的なやり方で説明でき，シンプルで，同様の特徴を持つ

他の理論と整合的であり……などと考えられてきた。科学的実在
論として知られる科学哲学の最近の流行では，最良の理論は（近
似的には）真実で，伝統的な徳（virtue）のいくらかを有している
と考える。しかしミルンが指摘したように，ベイズ主義は別の重
みが与えられた際の，仮説の支持／不支持に関する証拠の重みを
説明するだけである（そのような証拠の質を説明するのではなく）。
ゆえに理論的な徳のような付加的な考慮は，ベイズ主義的フレー
ムワークの範囲外にあるだけではない。例えば事前確率の設定に
おけるある種の重みづけへとそれらを引き下げない限り，ベイズ
主義的フレームワークと対立するのである。しかし，そのような
重みづけは，科学的実在論者が望むような理論的な徳にはならな
いと考えられる。なぜならこの重みとは究極的には，証拠に対す
る主観的見解だからである。この議論に関しては Milne 2003 を
参照してほしい。また，「ベイズ主義は，新規の予測と，予測を
説明する理論におけるアドホックな補正とを区別しない。ある
いは既に知られている証拠の使用の説明さえできない」という
批判もある（この批判に関する議論については Howson and Urbach
1993, section15.g and 15.h を参照のこと）。

　なお，真理と非ベイズ主義的な徳の間の推定されるつながりに
も疑問がある。おそらく，そのようなつながりを提供する何らか
の非ベイズ的な帰納的説明が存在するはずである。しかしそれは，
すぐ手に入るわけではないように思える。実際のところ，存在論
的概念（自然の法則）と，認識論的または美的概念（単純性，美，
啓発性など）の間のつながりは，奇妙なものである。というのも，
我々がそれをどう考えようとも，物事は真実なのである。これを
回避する1つの方法は，プラグマティックな真実の概念を採用す
ることだろう。しかし，そのとき我々はもはや実在論を扱ってい
ない。そしてもちろん，プラグマティックな真実の理論にとって

でさえ，証拠と真実との間のつながりに関する説明が必要となる
だろう。

3.10 結 論

　本章では，信念の度合いと確率を同等視することに関する主な
議論を概観しようとしてきた。同時に，それら議論に対する異議
についても述べた。関連文献は膨大で，そのすべてを調べること
は不可能である。読者には，主観的確率に関する興味深い議論と，
それに関する啓発的な論争があるのだという印象を持ってもらえ
ればと思う。本書では，哲学の他分野において同様の論争に行き
つく類似の問題についてはふれていない。しかし，知識と信念に
関する疑問が存在する場所では，常に同じ問題が発生することは
覚えておくべきである。

　既にベイズ主義的考えに関する多数の文献を示してきたが，そ
のなかには多くの入門書や記事が含まれている。まっさきに挙げ
るべきはハウソンとアーバックの『Scientific Reasoning』だが，
私のお勧めは第 2 版である（Howson and Urbach 1993）。同様
に，確率の哲学の入門書としては，Gillies 2000，Mellor 2005，
Galavotti 2005，Hacking 2001 がベイズ主義的な考え方に対す
る異なる視点を扱っている。また，先行する特筆すべき仕事に
Earman 1992 がある。

第 4 章
主観的確率と
客観的確率

　前章では，推論理論の基盤としての主観的確率をみてきた。当然思い浮かぶ疑問として，主観的確率と客観的確率の関係はどうなっているのか，というものがある。1つの標準的な立ち位置は二元論である。つまり，客観的確率と主観的確率の双方が存在し，客観的確率の値をベイズ的計算の証拠として機能させることによって，それらを組み合わせることができるとする考え方がある。この二元論的アプローチは，「客観的確率は科学によって明らかにされる世界の特性であり，ベイズ主義は科学のために推論理論を提供する」という視点と非常に相性がいい。さらに都合がいいことに，ベイズ主義はより客観的にもなる（とも主張できる）。この観点から二元論を正当化するためには，ダッチブック論証を必要とするようにみえるかもしれない。また正当化の問題とは別に，二元論をある種の経験主義と組み合わせると，深刻な形而上的問題も導かれる。そして二元論的な視点とは対照的に，デ・フィネッティは一元論的な視点をとった。客観的確率と考えられているものは，単純にある種の主観的確率であるという考え方に従った立場である。本章ではこれらの論題を順番に取り上げていく。

4.1　直接推論の原理

　多くのベイズ主義者は，客観的確率と主観的確率に対して二元論的な考え方を持っている。例えば，一連の独立かつ同一の試行としてのコイン投げの列があり，結果に関して同じ確率を持つとする。ここではコインの表が出る確率が客観的なものとみなされている（専門用語を使うと，コイン投げの結果は独立同分布〔independent identically distributed：i.i.d.〕の確率変数によって表現できる）。そして主観的な確率分布は，客観的確率としてありうる値

の集合上に定義される。すると，例えばコインの偏りを未知のパラメータと考え，コイン投げの結果をこのパラメータの値を決定するために使うことができる。これは本質的に，3.8.2 項で説明した意見の収束と同じことである。データは主観的確率を真の値へと近づける（4.4 節でみるように，厳格なベイズ主義はこの解釈を断固として拒絶する。彼らはこれをあくまで意見の収束と呼び，真実への収束とは呼ばない）。

頻度データをベイズ的計算にどう組み込むかという問題は，慣例的には直接推論と間接推論の疑問という枠組みでとらえられてきた。最初期の確率の説明は，「母集団における属性の頻度に関する知識から，標本における属性の頻度を推定すること」に関心を持っていた。このような推定の慣例的な呼称が，直接推論(direct inference) である。一方でベイズ主義では，標本から母集団へ，証拠から仮説へという方向で行う推定を，逆推論（inverse inference）と呼んできた（"ベイズ主義者あるいはベイジアン〔Bayesian〕"という用語の登場は，Fienberg 2006 で詳しく調べられている）[1]。

ここで h を，「コインが偏り x（0.5 はコインがフェア，1 は完全に表に偏っていることを意味する）を持っている」という仮説だとしよう。「表」はコイン投げで表が出ることを意味する。そして $p(\,表\,|h=x)$ は直接確率であり，$p(h=x|\,表)$ は逆確率である（これらの現在の呼称を思い出してほしい。良し悪しはともかく"尤度"

---

1 この文脈で，直接推論と逆推論の違いは統計学においては根本的な重要性を持つことにふれておくことには意味がある。近年の統計学の実践では，直接推論的な理論が主流である（通常は頻度主義的な統計学と呼ばれるが，時に古典的統計学などと若干妙な呼称で呼ばれることもある）。頻度主義的な推論理論をここで議論するつもりはないが（Mayo 1996 を参照してほしい），確率の頻度主義的解釈は必ずしも頻度主義的な推論理論を生み出さないことを強調しておく。時に見過ごされるが，解釈と推論という 2 つの問題は別個のものであり，これがおそらくはあらゆる証拠に反してフォン・ミーゼスが双方の意味で頻度主義者と呼ばれる理由である。

と"事後確率"である)。そして疑問は,「直接確率に割り当てるべき値は何か?」である。この疑問への答えが,直接推論の原理(principle of direct inference)である。この原理はさまざまなものが提出されている(Kyburg 1981: 773 に多くの提案が紹介されている)。シンプルな,そしておそらく非常に明確な直接推論の原理は,$p(\text{表}|h=x)=0.5$ を要求することだろう。しかし,$p(\text{表}|h=x)$ が 0.5 以外でも矛盾は発生しない。そのため,このような原理は正当化が必要となるように思える。

　したがって,「頻度に関する知識が,標本内の頻度に関する我々の信念を制約することになる」という論証を探す必要がある。信念への制約を正当化する通常の方法は,既にみてきたものだが,ダッチブック論証によって提供される。そこで次節ではそのような論証を行う。

4.2　頻度への賭け

　それでは,主観的確率をどのように一般的な頻度と,そして特定の単一ケース確率(チャンス)と関連させるべきなのだろうか? 1つの当然の考え方は,大量現象への賭けを考えることである(そしてフォン・ミーゼスの場合と同様に,ギャンブルシステムの不可能性という概念によって,ランダムネスの公理の動機が与えられる)。あなたがコレクティーフの一部とみなしている一連のコイン投げを観察していると想定し,何らかの理由から次のコイン投げで表が出ることにどんな確率を割り当てるべきかを考えているとする。ハウソンとアーバックはダッチブック論証に基づいて,その属性(この場合では表が出ること)のコレクティーフ内の極限相対頻度と同じ値を割り当てるべきだと指摘した(Howson and

Urbach 1993)。論証は以下の通りである。あなたは次のコイン投げが極限相対頻度 r を持ったコレクティーフの要素であることを確信しており，r とは異なるフェアと考える賭け割合 p を提示したと仮定する。するとこの一連の賭け（つまり一連の試行の主観的確率）では，片側は最終的に確実な損失となる。例えば表の極限相対頻度は 0.5 で，あなたは表の賭け割合 0.7 を提示したとしよう。結果あなたは極限において 20% の頻度で負けるだろう。

　ハウソンとアーバックは，これはフォン・ミーゼスの理論に経験的内容を与えるものだと主張した。ベイズの定理を使って，特定のコレクティーフに関連する尤度を確立することができるからである。決定すべき値は $p(C|A_i = x)$ である。ここで C は，「この一連の試行は極限相対頻度 r を持つコレクティーフを形成する」である。$A_i = x$ は，「コレクティーフの i 番目の要素の値が x」（つまり，いま我々が考察している対象）である。ベイズの定理を使うためには，$p(A_i = x|C)$ を得る必要がある。ハウソンとアーバックの論証が正しいのなら，r と同じ値が得られるはずである。いくつかの基本的な確率の検証により（Howson and Urbach 1993: 344-7），一連のコイン投げで主観的確率が非常に速やかに真の値 r に収束することが示されている（Mellor 1971: 163 も同様の議論を提示しているが，コレクティーフではなく傾向に関するものである）。

　ハウソンとアーバックは非常に多くを証明し，帰納の問題に対する解法を提示したように見えるかもしれない。いま論じたように，我々の主観的確率は極限相対頻度と同じになるはずだと思えるからである。しかしそうではない——我々の個人的な確率は，コレクティーフを扱っているという確信によってのみ決まっている。もっと言えば，そのコレクティーフは我々が考えているような極限相対頻度を持っているという確信によっている。残念なが

ら，我々はこれらの両方について間違う可能性がある（3.8.2 項および 3.8.3 項で議論したように）。アルバートは，信念の度合いと真の相対頻度との間のつながりの確立がこのようにうまくいっていないことをもって，フォン・ミーゼスの理論に経験的内容を与えようというハウソンとアーバックの試みが失敗したことが示されたのだと考えた（Albert 2005）。しかし，これは完全に正しいわけではない。なぜなら，ハウソンとアーバックの狙いは帰納の問題を解決することではなく，特定の状況下ではコレクティーフに関する仮説は経験的内容を持ちうると示すことにあったからである。この点では彼らは成功したように見える（この方向の他の仕事に関しては Romeijn 2005 を参照。Howson 2000: 207-8 にはアルバートの論証に対する詳細な返答がある）。

しかし，さらに深刻な問題がある。このダッチブックは個々の賭け，つまり個々の主観的確率が相対頻度と同じであるべきことを確立したわけではない。あなたがコレクティーフの一部を形成すると信じているフェアなコイン投げに賭ける必要があると仮定する。あなたはどう賭けるべきか？ もしあなたが 1 回のコイン投げのみに賭けるのなら，仮にオッズ 3：1 の賭けに参加したとして，損失が確実な状況に身を置いているのか確認するのは難しい。幸運だと感じているあなたはさらなるリスクをとるかもしれない。そしてあなたは実際に幸運で，3 の払い戻しを獲得する場合もあるだろう。これはいかなる有限の賭けでも成立する。相対頻度に反する形で有限回数の賭けに参加した場合でも，あなたが確実に負けることを示す確率理論はない。実際，確率理論はまったく逆のことを示していて，有限の場合には平均から逸脱することが期待される。そのため，確実な損失は存在しない。しかし，確実な損失は，ダッチブック論証が機能するためには必須の要素である。賭ける人は，確実な損失でも確実な儲けでもない曖昧な

グレーゾーンを気にしてはならない。しかしこの場合，賭ける人はそれを気にしないわけにはいかない。

　ハウソンとアーバックの論証は，多数の賭けから個々の賭けへの移行に基づいている。つまり，多数の賭けを総合したものをフェアと考えるなら，個々の賭けもフェアと考えるべきであるという考えに基づく。しかし既にみてきたように，これは明らかではない。実際ストレブンズは，この仮定は直接推論の原理を仮定することと同じであると論じた（Strevens 1999: 262）（逆方向への移行はそれほど問題にならないことに注意。連続する個々の賭けをフェアとみなすならば，賭けの集合も同様にフェアとみなすべきである）。したがって，賭けも，賭け割合も，そして信念の度合いも，客観的確率によって制約を受けないように思える。

　直接推論の原理に対するダッチブック論証のより詳しい考察は，Childers 2012 に記載されている。Pettigrew 2012 は，次節で議論するバージョンの直接推論の原理の正当化に対して，3.7 節で言及したジョイスの非プラグマティックな正当化を適用している。

4.3　主要原理

　ある直接推論の原理がこの分野を席巻している。デヴィッド・ルイスの主要原理（Principal Principle）である（これ以外にも多くの主要原理がある一方で，この直接推論の原理によってカバーされるもの以外の直接推論もまた存在する）。ルイスが提示した原理の定式化は下記のようなものである：

$$ch_{tw}(A) = p(A|H_{tw}T_w)$$

ここで，ch は客観的確率（ルイスはこれをチャンス〔chance〕と呼んだ），p は主観的確率，A は命題，t と w はそれぞれ時間と世界の域値を表す。T_w は世界 w に対するチャンスの完全な理論であり，H_{tw} は時間 t までの世界 w の歴史である。この場合のチャンスは客観的なものとみなされ，単一ケースに適用される。したがってこの規定では，ルイスが意図したように，主要原理は明らかに2.2.6 項で概観した傾向解釈と整合性がある。"チャンスの完全な理論"とは，「世界 w に対して，任意の時点でのチャンスがその時までの歴史に依存する方法の完全な特定」のことである（Lewis 1980: 97）。特にルイスは，チャンスの完全な理論を，彼が"歴史からチャンスへの条件文"と呼ぶものから構成されるものと考えた。これは当然，先件としての歴史と，後件としてのチャンスの値を持つ条件文である。チャンスの完全な理論は，ルイスが"許容できない (inadmissible) 証拠"——つまり"禁じられた主題 (チャンス過程がどのような結果となったか)"——と呼んだものを排除するために構築される（Lewis 1980: 96）。ルイスにとってこれは，結果と関連する未来についての言明に適用される。彼は過去を不確かなものとは考えないからである（コインが投げられた。表か裏が出た。もはや関連するチャンスは存在しない）。そのため完全な理論は，（検証中の結果と関連する）予見や予言の類を含まない。許容可能な証拠とは通常，結果そのものではなく，結果のチャンスという観点からのみ結果の確率を変化させることとして特徴づけられる。

4.3.1 ヒューム的スーパーヴィーニエンスと，法則の最良体系分析

ルイスの原理が興味深い1つの理由は，ヒューム的スーパーヴィーニエンス（supervenience, 付随性，即付性）という彼のよ

り広範なプログラムと矛盾しているように見えることである。
ヒューム的スーパーヴィーニエンスとは、「我々が住むような世界に関する全真実は、局所的な性質の時空的分布に付随して起こる（supervene）」という視点のことである（Lewis 1994: 473）。

> （ヒューム的スーパーヴィーニエンス）は言う。我々が生きるような世界では、基本的な関係性は完全に時空的な関係だと。距離的関係も、空間的なものも時間的なものも、そしておそらくは点サイズの事柄と時空点の間の占有関係も。そして我々が生きるような世界では、基礎的な特性とは局所的な性質（点、あるいは点サイズをもつ点の占有物の、完全に自然な内在的特性）であると言う。したがって他のすべては、過去・現在・未来すべての歴史を通して、局所的な性質の時空間的配置に付随して起こると主張する。(Lewis 1994: 473)

　このプログラムの背後にある動機は経験主義である。世界は基礎的な事物で積み重なっており（例えば点質量）、その他あらゆるものは関係性、つまりそれら基礎的な事物のパターンという視点から説明される。法則、因果、その他の（経験主義的視点から）問題となる関係性は、それら事物が配置される可能性のあるパターンによって説明される。したがって、その経験的な希薄さのために［ルイス自身の表現では必然的結合（necessary connections）を否定したヒュームの態度にあやかったがゆえに］"ヒューム的"なのであり、因果のような特性はパターンに付随するがゆえに"付随性（スーパーヴィーニエンス）"である。そこでは付随するものが変化したことは、基礎となっている基礎事物のパターンが変化したことを意味する。
　チャンスもまた、"局所的な"性質の配置という観点からは、

世界に付随するものでなければならない。世界のパターンという視点からチャンスを説明する明らかな方法は，相対頻度を使うことだと思われるかもしれない。ルイスは複数の理由から，チャンスの説明に相対頻度を使うことを拒絶した（彼の出した例は，2.1.2 で議論したように「放射性崩壊には非大量な客観的確率が伴うようであること」，あるいは「頻度的説明は現実化しない状況には確率を割り当てないこと」などである：2.1.1 参照）。傾向が局所的配置とどのように付随して起こるかに対するルイスの答えは，確率の傾性的・単一ケース的な説明を維持しながらも，傾性の値を決定する法則に解答を求めることであった。これはもちろん，ヒューム的スーパーヴィーニエンスと両立可能な法則の説明を見出すまでは，解答を得たことにはならない。

　ルイス自身が好んだヒューム的スーパーヴィーニエンスと両立する法則の説明は，"最良体系分析（best systems analysis）"であった：

> 演繹的な体系で，その定理が真となるようなものすべてを取り上げよう。一部はその他より単純で，よりよく系統化されている。一部はその他より強く，より情報を含んでいる。これらの長所は競合する。情報量の少ない体系は非常にシンプルになり得るが，系統化されていない雑多な情報の一覧は非常に多くの情報を持ちうる。最良の体系とは，単純性と強さの間の適切なバランスを実現するもので，それはちょうど真実が保ちうるバランスと同じようなものである。どれほどバランスがとれているかは，自然がどれほど親切に依存する。ある規則が法則と呼ばれるのは，それが最良体系の定理であるときだけである。(Lewis 1994: 478)

　ただし確率的な法則を考える場合には，状況は異なる。これら

の法則は，検証中の一連の事象に最も適合するものが選ばれる。しかし，それらは確率的であるため，適合は完全なものにはならないだろう。ゆえに法則は非常にシンプルになりえるが，完全には正確ではなく，多くの例外を許容する。あるいは強力なものともなりえるが，この場合ではほとんど例外を許さず，しかし通常は複雑性が非常に増加する結果となる。

　放射性崩壊の法則は，崩壊の生起のかなり正確な要約で説明できる（観察された頻度と十分な精度で一致する）。しかし，頻度的な解釈は必須ではない。大量現象が存在しない場合，確率的な法則は頻度によって決定されないが，例えば対称性の考慮や，他の法則とどれほどよく適合するかによって決定される。

4.3.2　大きな悪いバグと新原理

　我々はいま，主要原理と（ルイス版の）ヒューム的スーパーヴィーニエンスの対立をみることのできる場所にいる。法則の最良体系分析は，チャンスがどのように非チャンス的な性質とスーパーヴィーンするかを示してくれる。つまりチャンスの値は，最良体系によって与えられる。しかしこれは矛盾をも導く。ルイスは侵食的な未来（undermining future）というものを考えた。もしそれが生じるなら，この未来は現在のチャンスを異なるものにする。

　ルイスは，異なる半減期を持つ放射性元素（トリチウム）を例に出した。ルイスによるヒューム主義的な説明では，放射性崩壊の法則は局所的な事実とスーパーヴィーンすることを思い出してほしい（この場合ではトリチウムがどのように崩壊するかとスーパーヴィーンする）。そしていま現在，トリチウムが未来において崩壊の仕方が異なることは排除できない（現在までにどのように振る舞ったかが与えられたら，異なった形で崩壊する確率は非常に小さい。

しかしそれがどんなに小さくても，依然として 0 ではない）。違う表
現をすると，ヒューム主義者がトリチウムがどう振る舞うかを引
き出すことのできる事前法則は存在しない。法則とは結局，トリ
チウムが実際にどのように振る舞うかの（最良体系の）要約なの
である。未来は別の可能性に開かれており，それは異なって振る
舞うかもしれず，そのためこの奇妙な未来が生起する非 0 のチャ
ンスが存在する。

　理解を助けるために，チャンスを実際の頻度として考えてみよ
う（これによって"単純化した例"を示す。他のチャンスの最良体系
分析のためにはもっと複雑なバージョンを作ることができる：Lewis
1994: 488 参照）。実際の頻度は，単純なチャンスの完全な理論を
与えてくれる。これにより過去の情報を使ってチャンスを計算で
きる。我々はコインを持っており，10 回のコイン投げを行った
ところ，表が 5 回出た。そこでチャンスの完全な理論により，過
去の情報と合わせて，$ch(表) = 0.5$ となる。そして，100 回の
コイン投げで表が出るチャンスを計算できる。その後コインは壊
れてしまうとしよう。$ch(表) = 0.5$ のとき，100 回のコイン投
げで 95 回表が出る確率が計算できる（A.5 参照）。これは実際非
常に小さな確率で，0.00000000000000000000000593914... である。
少数点以下に 22 個の 0 が並んでおり，つまり 5.93914×10^{-23} で
ある。

　しかし，もし実際にこの未来が起こるのなら，表の相対頻度，
そして表のチャンスは 95/100 となるだろう。これは，未来にお
ける相対頻度が 0.95 となることを意味するわけではない。現在
の頻度が 95/100 になることを意味している。ここで主要原理を
適用すると，$p(100 回中 95 回が表 | H_{tw}T_w) = 5.93914 \times 10^{-23}$ で
ある。しかし，100 回中 95 回表は，表のチャンスが 0.95 である
ことを意味している。これは，現在までの歴史とチャンスの完全

な理論（チャンスは 0.5 だと含意する）とに矛盾する。したがって，
95 回表が出る主観的確率は 0 にならなければならず［0 でなけ
れば主要原理を適用できるのだから］，$p(100$ 回中 95 回表 $| H_{tw} T_w)$
= 0 である。このように，我々は主観的確率について 2 つの値
$(5.93914 \times 10^{-23}$ と 0) を手に入れることになり，矛盾である。

　違う言い方をしよう。未来における異なる客観的確率の可能性
は，現在のチャンスの理論 T_w と矛盾する。結局，未来が侵食的
であるのは，現在のチャンスと矛盾するからである。条件付けを
行う我々のチャンスの理論は現在までのみによって決定され，侵
食の可能性を排除する。したがって，この主観的確率は 0 になる
べきである。しかし主要原理によると，非 0 の客観的チャンスの
確率と同じものになるべきである。したがってこれは矛盾で，そ
しておそらくは厳密にヒューム的な枠組みでチャンスを説明しよ
うとするあらゆる試みに対する致命的打撃である。我々には，ル
イスのフレームワーク内では利用できないと思われるやり方で，
客観的確率を束縛する方法が必要なようである。ルイスはこの矛
盾を，"大きな悪いバグ（big bad bag）" と呼んだ（Lewis 1986b:
xiv）。

　この困難から（Thau 1994, Hall 1994, Lewis 1994 の 3 論文によっ
て）"新原理（New Principle）" が提案された。

$$ch_{tw}(A | T_w) = p(A | H_{tw} T_w)$$

条件付けのないチャンスではなく，ここではチャンスの値は完全
な理論によって条件付けされている。チャンスはもはや絶対的な
ものではなく，チャンスの完全な理論によって条件付けされる。
これは侵食的な未来を排除する。上述の例では，$ch(100$ 回中 95
回表 $| T_w) = 0$ である。なぜなら，（現在の）我々のチャンスの理
論はチャンスを 0.5 とおき，95 回表が出ることはチャンスを 0.95

とおき，つまりは矛盾だからである。したがって，現在のチャンスの理論による条件付けは，原理を矛盾から解放する（チャンスは式の両辺で制約を受けている）。

新原理はまた，確率割り当てのより大きな限界を表している。我々が持つような小さな標本では，100回のコイン投げで表が出る回数が50以外の数を得る確率は0となる。補遺A.5.3のチャートを見れば，通常の確率の割り当て方法とこれがどれくらい違うかがわかる。例えば，30回のコイン投げで正確に15回表を得るチャンスは非常に低く，逆に15回表に近い値を得るチャンスは非常に高い。ルイスは，大きな母集団からの小さな標本を扱うとき，この効果は非常に小さくなることを指摘した（Lewis 1994: 488）。例えば，100万回投げることになっているコイン投げで，100回のコイン投げの後に3回続けて表が出るチャンスは，A.5の通常の形式とルイスのアプローチを使ったものでは非常に近くなるだろう。それでも，ベイズ的アプローチはしばしば小さな標本でも使用できるものと考えられているので，この大きな違いは言及しておく価値がある。

これらの論題をめぐっては膨大な文献があり，矛盾の回避にはその修正が必要条件なのか，それとも十分条件なのかが議論されている。ブリッグスは，ヒューム的スーパーヴィーニエンスと客観的確率のさまざまな組み合わせの懐疑的な概観を提示した（Briggs 2009a と 2009b）。カール・ホーファーは2007年，"決定論的チャンス"を可能にするヒューム的フレームワークを使用し，大きな貢献を行った（Carl Hoefer 2007）。

ヒューム的スーパーヴィーニエンスに対するルイスの観点の紹介は，Nolan 2005 の第4章でみることができる。最良体系分析は頭角を現し始めている（例えば Callender and Cohen 2010 参照）。これらの理論は確率法則を考慮に入れる必要があるため，本節で

議論している困難と密接に関連している。

　確率の解釈に関しては，我々を形而上的な深みへと連れていくまた別の疑問が思い浮かぶ。しかし，我々はまだ，依然として直接推論の原理の正当化を欠いている。ルイスは主要原理を，チャンスについて我々が知っていることをまとめあげるものとしてとらえるべきだと考えた。この場合，主要原理はチャンスという概念の十分な分析として働くため，さらなる正当化は必要ない。この主張の強さは，哲学的分析に関するあなたの視点に依存している。

4.4　可換性

　デ・フィネッティは，確率に関しては一元論者だった。彼は，確率計算にはただ 1 つの正しい解釈があると考えた。主観的解釈である。しかし彼は，先のパラグラフで紹介したような確率に関する客観的な説が存在することもよく承知していた。そこで彼は，客観的な説を主観的確率だけから解釈する方法を示すという課題を自らに課し，客観的確率を排除しようとした。これは 20 世紀初頭の哲学的プロジェクトの好例である。もしこのプロジェクトが成功していたら，本章でカバーしている残りの説明は完全に無駄なものとなっただろうが，そうはならなかった。

　デ・フィネッティの仕事は，可換性（exchangeability）という概念をもたらした。最も単純な場合を考える。いつも通り無限回のコイン投げである。コイン投げを表す二項確率変数への確率の割り当てが（有限）"可換"であるとは，「考慮しているそれの順番を入れ換えたときに確率が変化しないこと」をいう。3 回のコイン投げで 2 回表が出る列を考えているとすれば，表表裏，表

裏表，裏表表は同じ確率を持っていると考える（同時に，裏裏表，裏表裏，表裏裏も同じ確率を持つことを含意している）。これは2回表が出るチャンスの・主・観・的な評価であると覚えておくことが重要である。より強い条件は"真の可換性"と呼ばれる。これは二項確率変数の無限列に割り当てられる確率の性質で，確率変数の任意の有限の部分列も可換であることを意味する。デ・フィネッティは，確率変数の可換の列は，未知の客観的確率についての主観的分布と正確に同じであることを示した（結果として得られる確率分布が同じ）。すなわち，一定の客観的確率を持つ独立同分布の確率変数に対するいかなる主観的確率分布にも，それに対応する可換確率変数についての単一の主観的確率分布が存在する。

　少なくともこの場合では，これは表現を介して物理的確率の還元を提供する。独立同分布の確率変数とは，一定の条件下での独立した試行を表現するものである。しかし可換性は，独立の条件という概念を，確率に関する信念の度合いに対する制限（つまりこれが可換性である）と置き換えることを可能にする。違う表現をするなら，我々はある種の期待（可換性）を，客観的確率（独立同分布試行と関連する確率）を前提することのかわりに使うことができる[2]。

　具体例を示そう。プロコプは，いたずら好きのおじのパヴェルからもらった仕掛けのあるコインを持っている。このコインは片側に重みが偏っており，ある側が2倍出る。問題は，どちらが多

2　デ・フィネッティは1937年，可換性に関して最も影響力の大きな説明を提示した。Heath and Sudderth 1976 では，可換な分布の収束に関するわかりやすい紹介と証明が示された。ここでは単純な二項的試行しか議論していないが，可換性という概念は2値以上の確率変数へと一般化できることにも注意しよう。コイン投げの順番の無視によって課せられる対称的な条件としての可換性を考えるには，第5章と第6章も有益となるだろう。

く出るのかプロコプが覚えていないことである。そこで彼はデータを得ようと思い，このコインを投げてみた。二元論者は，「プロコプはコインの表が出る確率を探している」と言うだろう。一元論者は，「基礎となる客観的確率の仮定など必要ない」と反論することができる。実際のところプロコプは，試行は可換な確率変数で表現できると考えている。そのそれぞれが，表が出るという彼の信念の度合いに影響する。この場合，彼は「コインは 2/3 で表に偏っている」という仮説に確率 1/2 を割り当て，「コインは 2/3 で裏に偏っている」という仮説に 1/2 を割り当てた。そして彼は，2/3 で表の列は可換だと考えている（1/3 で表の列も同様である）。これら 2 つの可換な列の集合の確率が 1/2 で，それ以外は確率 0 である。したがって，尤度の値を決定できる。観察された表はコインが表に偏っているという仮説を支持し，裏は逆である。この手順は形式的に，4.1 節のように偏りを客観的確率と考えることと同じである。

デ・フィネッティは，可換性に関するもう 1 つの動機づけを提出した。ベイズ主義者にとって，一連の反復試行のなかで意見が変化すると期待するのは自然だというものである。つまり，各場面における信念の度合いはその前に何が起こったかに依存しており，独立性はベイズ主義者にとって自然な条件ではない。かわりにベイズ主義者は，試行はそれぞれ別々に行われるため，試行によって与えられた一連の結果はその順番によって影響されないと期待すべきである（仕掛けのあるプロコプのコインのことをこの文脈で考えてみよう）。可換性は客観性の代用物である。なぜならこれは，現実化の方法がどうであれ，基盤にある物理的プロセスが（観察者の視点からみれば）最終的には同じ結果を与えることを含意しているからである。

したがってデ・フィネッティは，未知の客観的確率という概念

を説明する方法を見つけたと主張した。この主張の重要性は，すべての確率はいまや認識論的に示すことができ，ある種の一元論が確立されたということである。さらに，いまや我々は主観と客観双方の確率ではなく主観的確率だけを考えればいいため，これは科学的な認識論における前進となる。しかし，我々はあまり多くを望んではならない。問題は，列が適切に可換であると，我々が確信している必要があるということである。そうでない場合，我々は試行を誤って表現し，間違った結論を引き出すだろう。これは再び，3.8.3 で遭遇した帰納の問題である。可換性をいつ適用すべきかを教えてくれるいかなる原理も必須ではなく，そのような原理が機能しない世界が存在する（例えば，短期的には列を可換であるかのように見せるが，しかし長期的にはそうではないことを保証する，悪意ある悪魔の住む世界を考えてみよう）。一方で我々は，そのような原理をア・ポステリオリには決定できない。我々にはア・ポステリオリなすべての真実を確立する原理が必要なのであり，このようなやり方で原理を利用することは循環論法となるだろう（このバージョンの帰納の問題に関する記述方法は再度 Kemp 2006: 5-6 から拝借した）。デ・フィネッティは主観主義者であるがゆえに，この点にはおそらく同意しただろう。彼の狙いは，確率を生み出す物理的プロセスについての正しい答えにどのように（間違いなく）到達できるかを示すことではなかった。むしろ彼は，まさにそのようなプロセスという概念を排除する方法を示そうとしていたのである。

　ハウソンとアーバックによってある困難が提示された（彼らはそれを I・J・グッドの考案とした：Howson and Urbach 1993: 349-51）。物理的確率の仮定とは対照的に，可換性の一般性（generality）そのものが，可換性の魅力に制限を加えているというものである。確率の一元論的解釈による形而上的な簡潔性からどんなものが得

られようとも，物理的確率を仮定することには可換性より引き付けられるものがあると彼らは主張した。続く例はザベルの優れた論文からのものである（Zabell 1998: 11-12）。我々が可換と考えている2つの列があると仮定する。それらは同じ数の成功の結果を共有しているが，その"規則性"には違いがある。具体的にいうと，"規則通り"の列では，すべての表の後には裏が続く。一方で，裏の後には表か裏のどちらかが続く。任意の試行で表が出た。次のコイン投げで表が出る確率は何だろうか？　可換性の仮定に従えば，確率はその列の表の相対頻度と同じになる。しかしこれは，こだわるには非常に無理のある仮定のように見える。可換性に関する仮定を投げ捨て，かわりに次のコイン投げで裏が出ることへ高い確率を設定するほうがずっと妥当と思える（デ・フィネッティもこの問題を議論した de Finetti 1937: 145-55）。可換性の仮定をする者は，コイン投げは（物理的な意味で）実際に独立であるという暗黙の仮定に頼っているように見えるだろう。つまりコイン投げは互いに影響を与えないという仮定である。もし列がそのように独立だと確信を抱いていたら，奇妙に規則的な列を偶然として無視することができる。しかしそのときには，可換性ではなく単純に物理的確率を考えるほうがより道理にかなうように思える。しかし，可換性の支持者が以下のように反論できることも明らかだろう：「独立性は可換性を導くが，逆はそうではない。独立性はより多くの不必要な存在論的重荷を背負っているため，試行を独立とすることは不自然な態度である」。

4.5　結　論

もし，本章で取り上げた直接推論の原理のいずれの正当化も正

しくないなら，主観的確率は真に主観的である。主観的確率は客観的確率の制約から解放される。もしデ・フィネッティが成功していたのなら，我々はきわめて急進的な主観主義（彼はもちろんこれを評価しただろう）へ到達している。この問題（もしそれが問題であれば，だが）をみる別の方法は，参照クラスからの視点である。ベイズ主義は参照クラス問題には直面しない。一連の中に何を含めるべきと考えるかの決定は，主観的な事柄として扱われるからである。しかし，これは大した解決にはならないように思える。おそらく我々は，客観的確率を客観的に決定したがっている。そして，主観的確率と客観的確率を組み合わせることは，我々を参照クラス問題へと引き戻す。もちろんこの問題は，帰納の問題である。しかし3.8節でみたように，ベイズ主義は非常に限定的な解決を提示するのみである。Hajék 2007 は，これはベイズ主義にとって（そして他の確率解釈にとっても同様に）大きな難問となると主張した。

　我々は未来の厄介ごと（あるいは大問題でさえ）を知ることができないと運命づけられているということを，多くの人が見出している。おそらく我々はこのために，不確実な世界においていくらかでも安心を得ようとして，ベイズ主義の核心に加えるべき原理の絶え間ない探求を行っているのだろう。その最も一般的な候補について，次の2章で検証していく。

第5章
古典的解釈と
論理的解釈

188

プロコプは，確率に関して新しく得た知識を友達と共有したいと思っていた。しかし，友人たちを確率の話題に取り組ませることができても，皆まったく同じ反応をする：「うん，喉が渇いたな」。実際，友人たちはだいたい「僕はいつもコインの表が出るチャンスは1/2だと考えている」と言う。これはプロコプを非常にいらいらさせた。しかし彼は我慢強く答えた：「それは場合によるよ。君にとってチャンスが何を意味しているかによる。コインにも依存する。コインについて君が何を信じているかによる」と。それ以上詳しく説明しようとすると，友人たちは決まって突然強い喉の渇きに襲われるようだった。そして彼の（素敵で大きくアメリカンな）冷蔵庫をひっかき回すためにその場を離れる。「取りうる可能性へ対称的に分配することによって確率は常に決定できる」という考えは広く行き渡っている。「しかし，なぜ？」プロコプは考えた。

5.1　確率の起源—古典的理論

プロコプの友人たちがそれとなく示した確率解釈は，最も古いものである。それはパスカルとフェルマーの間の書簡に起源を持つ（もちろんもっと早い先行者はいる。Franklin 2001で多くが取り上げられている）。パスカルとフェルマーは，フェアなゲームが終了前に中断されたとき，勝ち分をどのように分配するかという問題を論じた（ここではこの問題に関しては議論しない。詳細はFranklin 2001: 306-13を参照してほしい）。彼らの書簡はよく知られていた（手紙は数学的成果の伝播方法として当時標準的な手段だった）。そして，クリスティアーン・ホイヘンスによる確率に関する最初の本（小冊子）『*De Ratiociniis in Ludo Aleae*（1657年）』

の出版を促した（興味のある読者には名著 Verduin 2009 にこの英訳がある）。確率の方法論は，多くの研究者の努力によって発展してきた。なかでもおそらく最も大きな貢献は，本人の死後に出版されたヤコブ・ベルヌーイの『*Ars Conjectandi*（1713 年）』だろう。そして古典的解釈をまとめあげ，20 世紀まで大きな影響力をもったのが，1814 年に出版されたピエール＝シモン・ラプラスの『*Essai philosophique sur les probabilités*（『確率の哲学的試論』内井惣七訳，岩波文庫）』である。

　古典的解釈で鍵となるのは，対称性（symmetry）という概念である。『*Oxford Concise Dictionary*』によると対称性とは，「互いに向かい合う，または軸を中心にして，正確に同じ部分で作られた性質」あるいは「諸部分の正しい，または望ましい調和」を意味している。古典的確率の場合では，そうしない特段の理由が存在しない限り，確率は特定の基本的な諸可能性へと対称的に（つまり均等に）割り当てられる。ある事象の確率は，可能性の割合として定義される。つまりその事象の生起が含まれる可能性を，可能性の総数によって割るのである。通常これは次のように表現される：「ある事象の確率とは，対象となる事象に当てはまる事象の数を，事象の総数によって割ったものである」。確率を上記のように割り当てるべきという原理を，本書ではケインズに従って "無差別の原理（principle of indifference）" と呼ぶ（Keynes 1921）。なおこれは，理由不十分の原理（principle of insufficient reason）として知られている場合もある。

　古典的理論では，確率を無知（または部分的な知識）を測るものだと考える。確率は，他の方法をとる理由がないために割り当てられるからである。このような理由から，確率は合理的信念の度合いの尺度とみなすこともできる（しかしこれからみていくように，事はそれほど単純ではない）。この説明には単純な例で十分だ

ろう。なんの関連知識もないコイン投げを行うとする。表と裏の2つの可能性だけがあり，表は"可能性空間（possibility space）"の50％を占める。そのため，我々は表に1/2を，裏に1/2を割り当てる。いかなる関連知識も得られていない場合のサイコロ振りにも同じことが当てはまる。もし普通の6面サイコロなら，可能性空間の1/6を占めるため，特定の面が出る確率は1/6である。一般化して，nの選択肢があり，選択肢同士が何らかの差を持つとする理由がなければ，いかなる選択肢にも$1/n$の確率を割り当てる。この関数が，かなり自明ではあるが，確率である。

　無差別の原理によって作られる確率分布は，ある意味で平坦（フラット）である。これは確率の値を可能性の数と組み合わせて図示すれば視覚化できる。図5-1は，フェアなコイン投げの選択肢について示したものである。

　各可能性の確率は同じなので，図示したように，通常は確率同士に関しては平坦な結果が得られる。図5-2はサイコロ振りで得られるものを示している。

　既に述べたように，この解釈はギャンブルの検討を通して発展したものである。この方法は，予想されるよりもずっと大きな一般性を与えてくれる。確率のかなりの数の問題が，ギャンブルの問題として表現できる。加えて，古典的解釈は適用が非常に容易である。古典的解釈がどのように機能するかを例示するために，2つのサイコロを振って合計4が得られる確率を考えてみよう。それぞれのサイコロは6つの可能性を持っており，2つのサイコロを振れば全部で36のありうる結果が与えられる。もしそれ以上何も知識がなければ，古典的解釈はそれぞれの結果に確率1/36を割り当てろと言う。そして足して4となる3つの組み合わせがある。2と2，1と3，3と1である。確率はしたがって3/36 = 1/12である（組み合わせに関してはA．4でより詳しく考察

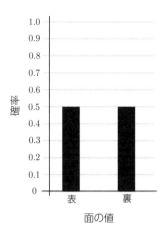

図 5-1　コイン投げ

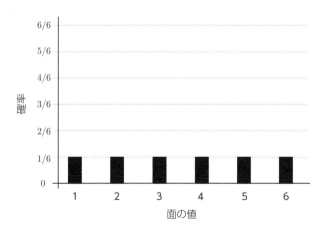

図 5-2　サイコロ振り

している）。

　このサイコロ振りの結果の計算は，ベイズ主義的アプローチや相対頻度アプローチよりもシンプルである。事前確率を決める必要はないし，コレクティーフを見つける必要もない。標本空間と無知を必要とするだけで，確率の決定は単純である。そして，偶然ゲームや，偶然ゲームとしてモデル化が可能な現象の確率を決定するためのモデルとして機能する。

5.1.1　継起の規則

　これまでの説明で明らかなように，古典的確率は組み合わせの研究（組み合わせ論）と非常に強いかかわりを持っている。補遺 A.4 に組み合わせ論の基礎の簡単な考察を挙げた。組み合わせ論を使用するとさまざまなことができるが，なかでもある有名な結果の証明が可能になる。確率の不明な，独立事象の列を観察していると仮定してほしい。さらに古典的確率が行うように，確率に関して我々は完全に無知で，すべてのありうる値の確率は同じ見込みを持つと考えるという仮定をおく（ベイズ主義の観点からは，「事象の客観的確率に対し，平坦な主観的確率分布を割り当てる」と表現できる）。そして，（事象の生起に適切な状況下で起こった）m 回の観察で，（同じく適切な状況下で起こった）ある事象が n 回事前に観察されている場合には，その事象が次に繰り返される確率は下記であることが証明できる：

$$\frac{n + 1}{m + 2}$$

これは Venn 1876 に従って "継起の規則（rule of succession）" と呼ばれる。継起の規則は，壺モデルを使って証明される。壺モデルとは，白と黒の玉だけが入った壺から玉を取り出すことを考

えるもので，白い玉の割合については何もわからない。継起の規則は，壺の中の玉の数を任意に大きくし，無差別の原理を適用することによって引き出される（この証明は簡単ではなく，我々の当面の目的に必要でもないため，継起の規則の証明は行わない——証明の方法その他については Zabell 1989 を参照）。

　継起の規則には驚くべき力がある。生起数が十分に大きな数であれば，事象の次の生起（つまり，白い玉が取り出される，気圧計の数値が下がった後に雨が降る，サハラ砂漠の砂嵐の後に藻類ブルームが起こる等々）の確率が，それ以前の生起の相対頻度に近いと期待できることを教えてくれるのである。これは帰納の問題の解決法を提供してくれるように思える。事象の生起の客観的確率と推定されるものを与えてくれるからである（ただしこの規則は決して確実性を与えてはくれない。もし相対頻度が 1/2 以上であれば，規則はわずかに小さな確率を与え，相対頻度が 1/2 未満であれば，わずかに大きな確率を与える。もし事象が決して起こらなければ，もちろん $1/(m + 2)$ である）。

　もう 1 つの驚くべき点は，継起の規則はベイズ分析にも姿を現す。独立性と平坦分布の仮定は，より柔軟性のあるバージョンを得るために可換性で置き換えることができる（4.4 節）。このことはさらに，継起の規則の適用性に関するより精妙な分析を導く。詳細を知りたければ，再び Zabell 1989 が素晴らしい出発点となる。

5.1.2　連続的な場合の無差別の原理

　無差別の原理は連続的なものへと単純に拡張できる。一般的に，特定のパラメータが特定間隔の値をとる確率は，「その間隔の大きさを，パラメータがとりうる範囲によって割ったもの」と同じになる。より具体的な例として，再びホイール・オブ・フォーチュ

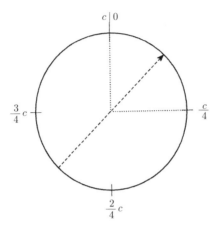

図 5-3 ホイール・オブ・フォーチュンにおける無差別の原則

ンを考えてみよう。ここで，ポインターが特定の点に止まると信じる理由がないとする（ポインターは円周のいかなる点にも止まる可能性があり，一様に油が塗ってあり，バランスはとれており……等々と信じている）。ポインターがホイールの円周1/4の弧の中に止まる確率を考えてみよう（例えば図5-3の3番目の1/4の弧など）。円周が単位長だと仮定すると，弧の長さは1/4である。無差別の原理は，矢がこの1/4を指す確率が1/4だということを教えてくれる（他の1/4の弧も同じ確率である）。

　最大限に一般化すると，間隔 $[a, b]$ をとる連続的なパラメータ A を考え，現在の知識に照らして他の値ではなく何らかの値をとるだろうと信じる理由がないとする。そのとき，無差別の原理に従うと，A が部分間隔 $[c, d]$ に入る確率 $p(c \leqq A \leqq d)$ は下記のようになる：

$$\frac{|d - c|}{|b - a|}$$

5.2　無差別の原理の問題点

　無差別の原理は広く受け入れられたものではない（少なくとも哲学者の間では）。第一の問題は，継起の規則である。継起の規則は確かにあまりにも簡単に帰納の問題を解決しているように見える。また，原理の適用そのものに関する別の問題もある。矛盾が導かれると思われるのである。

5.2.1　継起の規則の問題点

　最も有名で，おそらく最も印象的な継起の規則の使用は，ラプラスによる太陽が明日昇る確率の計算だろう。この計算は，（聖書を根拠にすると）太陽は 5000 年間昇ってきたことを基礎としている。しかし，一般的にいわれるほど物事は明瞭ではない。ラプラスが実際に記したのは以下の文章である：

> 例えば，歴史の最も古い時代を 5000 年前に遡るとすれば，1826213 日が経過し，この期間中，24 時間の 1 回転ごとに太陽は常に昇ったことになる。そこで，太陽が明日もまた昇ることについては 1 に対する 1826214 の掛率を与えることができる。しかし，諸現象の全体のうちに日々と季節の規則性を認知し，現在その運行を妨げうるものは何もないことを見る人にとっては，この数値は比較にならないほどもっと大きくなるであろう。(Laplace 1814: 19『確率の哲学的試論（内井惣七訳，岩波文庫）』)

　この類の計算は確かに奇妙に思えるが，かといって継起の規則を軽率に拒絶する理由はないように思える。しかし，単に奇妙に

思えるよりもずっと深刻な，別の問題がある。

　ヴェンは，継起の規則によって答えが与えられる多くの場合があるものの，そうではない場合もあると指摘した：

　　ラプラスは，彼の仕事が書かれた時点において，太陽が再び昇るほうに 1826214：1 で賭けることが安全だろうと確かめた。しかし，それ以来，時間はより大きなオッズで賭ける根拠を示してきた。ド・モルガンは言う。旗を掲げた 10 艘の船を見た川岸に立っている男は，次の船も旗を掲げていることを 11：1 の割合で判断すべきだと。我々もいくつか他の例を考えてみよう。「連続して 3 日雨だったことを観察した」，「家禽にストリキニーネを与えたら死んだことが別個に 3 回あった」，「火災の誤警報を 3 回の別個の機会で鳴らし，それぞれで人々が私を助けに来てくれた」。すると，これら後者いずれの場合でも，私は同様の状況下で現象が繰り返されることにちょうど 4/5 の強度の意見を持つべきとなる。しかし推測するに，これらいずれかの場合において，このような意見が正しいと断言する人はいないだろう。一部の場合では我々の期待は過剰であり，一部では非常に過小である。(Venn 1876, chapterVII, section 8, p.180)

　ヴェンは，彼の出した例は継起の規則の誤適用を表しているだけだという反論に答えている。仮に適用する人の知識に依存するのならば，このような反論は継起の規則の適用を主観的なものにすると彼は強く主張した。さらに彼は，このような場合では継起の規則は正しい答えを与えてくれることを保証せず，実用性が疑わしいと指摘した。

　継起の規則の証明に必要とされる壺モデルの適切性についての疑問も存在する。まず，基本確率（事前分布）に対応する玉の色の種類の数が得られており，正しいモデルを同定しているとい

う確信が必要である。2番目に，壺から等確率で玉を引き出すことに関する適切性の疑問がある。等確率の仮定は非常に制約的である（例えば我々には扱えない確率的ケースがある——この議論はZabell 1989 参照）。この問題に関しては 5.3.3 で戻ってくる。

これらの考慮事項は，継起の規則の健全性に疑問を持つに十分な理由を与えてくれる。続いてみていくように，継起の規則の問題点は，無差別の原理を悩ます同様の問題点と酷似している（実際同じものである）。また，これらの問題が非常に深刻なものであることもみていく。

5.2.2　パラドクス

無差別の原理はパラドクスを生み出すことでよく知られている。ここからは，これらパラドクスの主要なものを紹介する。

5.2.2.1　離散の場合

シンプルな例の1つを Keynes 1921 でみることができる。これは "ブックマーク（栞）のパラドクス" として知られている。離散型の無差別の原理に対して発生する問題である。プロコプの大学の図書館では，3色の栞が使われている（赤，緑，青。1冊の本ごとに正確に1つの栞が使われている）。勉強の気晴らしをしようと，彼は目隠しをして図書館に入り，ランダムに本を選び出すことにしたと仮定する（彼がこの作業中に捕まらないという仮定も加えておく）。ここで選択肢を赤か非赤とすれば，我々に栞が赤かそうでないか信じる理由はない。そのため，無差別の原理からすると，赤の栞を選択する確率は 1/2 となる。しかし，同様の理由で青の栞を選択する確率もまた 1/2 である。そして緑も同じ確率となる。しかしこれは，確率計算の決まりを破っている。排反かつ網羅的な選択肢の確率は，合計すると1にならなければ

いけない。

5.2.2.2 連続的な場合

後ほどみるように，離散の場合への対処はかなりシンプルである（非常に限られた場合のみではあるが）。しかし，離散的な確率は科学ではまれである。通常，我々は連続量を使用する。温度，質量，体積，長さ，その他の基本的な量は，連続体を使って測定される。しかし，無差別の原理をこれらに適用すると，扱いのかなり難しい矛盾が持ちあがる。

"ワインと水のパラドクス"は，連続的な形の無差別の原理から生み出される矛盾の最も有名な例の1つである。この解説は，フォン・ミーゼス（von Mises 1957:77）とギリース（Gillies 2000: 37-49)にみることができる。フォン・ミーゼスはポアンカレに従って，このパラドクスを"ベルトランのパラドクス"と呼んでいる。一方でケインズも同様のパラドクスを議論し，これをフォン・クリースに帰している（Keynes 1921: 48-9)。

ヤルダはプロコプと一緒にピザ屋へ行った。「ここは本場のピザ屋で，オーナーはプラハからの移住者だ！」。暑い夏の夜である。ヤルダはビールを飲みたかった。しかしここは本場のチェコのピザ屋であるが，ビールは高く，あまり美味しくない。幸運にも口をすぼめるほど酸っぱい本場の赤ワインがあった。プロコプは，ワインを水で割って飲みやすいお酒にすることを提案した。ヤルダはしぶしぶ同意した。ヤルダがトウモロコシとサーディンのピザを注文している間に，プロコプはワインと水を混ぜた。プロコプは，ヤルダに次のことを正直に伝えた。ワインと水の混ぜ物には，一方の液体はもう一方の液体の3倍以上は入っていない。当然，彼らは無差別の原理を適用する機会に飛びついた。そしてペンを取り出し，親切にもレストランが出してくれた紙のテー

ブルクロスの上で計算を始めた。プロコプはヤルダに，水に対するワインの割合が2以下である確率を計算することを提案した。ヤルダの知識では，不等式 1/3 ≦ ワイン / 水 ≦ 3 である以上のことはわからない。したがって彼は，割合が何らかの値だと考える理由を持たない。そこで無差別の原理の連続的な形式を適用すると，$p($ ワイン / 水 ≦ 2$) = |2 - 1/3| / |3 - 1/3| = 5/8$ が得られた。そのときヤルダの肩越しに見ていたウエイターが尋ねた：「ワインに対する水の逆比はどうなんです？」。ワインに対する水の割合が 1/2 以上になる確率は何だろうか？　ヤルダはテーブルクロスの何も書いてないところを探し，再び無差別の原理を適用した。そして $p($ 水 / ワイン ≧ 1/2$) = (3 - 1/2)/(3 - 1/3) = 15/16$ を得た。ウエイターは「うーん」と言ってキッチンへ戻っていった。

　「水 / ワイン ≧ 1/2」は「ワイン / 水 ≦ 2」と同じことであるため，2つの結果は互いに矛盾している。無差別の原理は，論理的には同等の命題に異なる確率を与えるが，これは確率計算の規則に反する（そして矛盾が発生している。パラドクスは概ね，もっともらしい前提から好ましくない結果への論証である。ヤルダはこの結論が嫌いで，背理法ではなくこれはパラドクスだと判断した）。

5.2.2.3　幾何的確率のパラドクス（ベルトランのパラドクス）

　無差別の原理によって発生する別の種類の矛盾がある。"幾何的確率のパラドクス"である。ケインズは，次に説明するパラドクスの例をベルトランとネイマン（Neyman 1952: 15）に帰し，"いわゆるベルトランの問題"と呼んだ（Keynes 1921: 51）。ここではボレルが提示した例に従う（Borel 1950: 87）。この問題は，半径 r の円の上にランダムに描いた弦が，円に内接する正三角形の一辺より短くなる確率を決定することである。

　無差別の原理を使って確率を計算する少なくとも3つの方法が

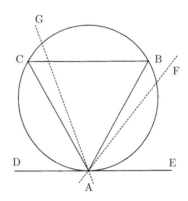

図5-4　ベルトランのパラドクス（1番目）

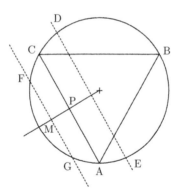

図5-5　ベルトランのパラドクス（2番目）

ある（図5-4，図5-5，図5-6）。第一に，弦の片方の端をAとおき，もう片方の位置に対して無差別の原理を適用する方法がある（図5-4のFやG）。固定された点Aで円と接する線DEを考える。この線と弦は，∠FAD（または∠GAD）を形成する。もしこの

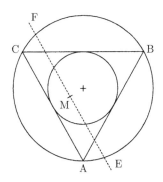

図 5-6　ベルトランのパラドクス（3 番目）

角度が 60 〜 120° の間なら，弦 AG は内接する正三角形 ABC の
一辺より長いことになる。一方で，AF は一辺より短い。ここで
無差別の原理を適用すると，弦が内接三角形の一辺より短くなる
チャンスは，120/180 = 2/3 である（無差別の原理は，円周と交差
する弦の角度に対して適用される。確率は**図 5-4** にみられるように明
らかに 2/3 である）。

　2 番目の場合では（**図 5-5**），決まった角度を持った弦の中点に
無差別の原理を適用する。弦は何らかの方向を持っている必要が
ある。この線と平行な一辺 AC を持った内接三角形 ABC を考え
る。弦の長さを次のように決定できる。円の中心から円周へと
AC と垂直に引いた線は，三角形を横断する点（P）を持つ。も
し弦の中点（M，弦 FG に対して）が垂直線の中点と円周との間
に位置すれば，弦の長さは三角形の一辺より短くなる（FG のよ
うに）。同様に，中点が距離の半分より内側にあれば，三角形の
一辺より長くなる（DE のように）。そのため，弦の長さが内接三
角形の一辺より短くなる確率は 1/2 である（無差別の原理は半径
に適用される。答えは明らかに 1/2 である）。

3番目は，内接する正三角形の一辺より短くなるような弦の長さの確率を計算する場合である（図5-6）。内接三角形に内接する円を考える。そして弦の中点をMとおく。内接円は半径 $(1/2)$ r を持つため，中点が内接円内にある場合，弦（図ではFE）は内接三角形の一辺より長くなる。小さな円の面積は，大きな円の面積の1/4である。そのため，弦が一辺より短くなる確率は3/4である（無差別の原理は円の面積について適用される）。

このように無差別の原理は1つの命題に対して少なくとも3つの確率を割り当てるが，ここでも矛盾を生み出す（ここではパラドクスの慣例的な解説を行った。問題が想像よりずっと複雑になることは Marinoff 1994 が注意深く示している。この問題の解法については第6章で戻ってくる）。

5.2.2.4　線形変換と無差別の原理

ベルトランのパラドクスやワインと水のパラドクスは，無差別の原理が逆写像のような非線形変換に関して不変ではないことを示している。ケインズが指摘したように，これらのパラドクスは一般に，$|d - c|/|b - a|$ が $|f(d) - f(c)|/|f(b) - f(a)|$ と同じではないために生起する（Keynes 1921: 51）。

古典的理論は克服できない困難に直面しているように見える。もちろん哲学者たちも，これら困難を克服しようと努力を続けてきた。この後，ケインズとカルナップが関与した最もよく知られた解決の試みをみていく。この作業は，古典的理論の現代バージョンを導入する役目を果たすことになるだろう。そしてそこには成功と失敗がある。

5.3　ケインズの論理的解釈

　通常，次の 2 つは別個に扱われるが，ここでは確率の論理的解釈を古典的理論のアップデート版とみなしたいと思う。つまりは論理的解釈を，言語論的転回（linguistic turn）を経た古典的解釈だとみなす。したがって本書では，古典的 / 論理的な視点を，「諸命題へと等しい確率を割り当てること」と考えるつもりである（ただし別の割り当てを導く情報がない場合）。もちろん，ここでいう命題とは基本的な可能性を表している。

　最初のよく考えられた論理的な確率解釈は，18 世紀前半にベルナルト・ボルツァーノによって提示されたものである。実際，程度の差はあれ類似した形式の論理的確率は，ボルツァーノからウィトゲンシュタインまでほとんどすべての中央ヨーロッパの哲学者から提案されている（詳細は Childers and Majer 1998 参照）。

　論理的解釈を表現する 1 つの方法は，確率という概念を部分的伴意ととらえることである。基本的なアイデアは，「ある言明に対して，その言明を伴意する命題の数は，全命題に対する比を出すと，その言明の確率を与える」というものである。それぞれの命題を 1 つとして数え，それぞれに割り当てられる確率は $1/n$ である（ここで n は命題の総数である）。

　（いくぶん）論理的に形式化された無差別の原理は，以下のことを表す。排反かつ網羅的選択肢である n 個の仮説 $h_1,..., h_n$ があり，特定の仮説を支持する証拠がない状況では，それら各々に等しい確率を割り当てるべきである。つまり，各仮説 h_i に対して，$p(h_i) = 1/n$ である。明らかにこれは適切なタイプの比であり，論理的確率はコルモゴロフの公理を満たす。そして部分的伴意は，

条件付き確率の視点から定義される——この詳細は 5.4.1 節で取
り上げる。論理的解釈に関してまずはジョン・メイナード・ケイ
ンズの仕事をみて，その後ルドルフ・カルナップへと進んでいこ
う。

5.3.1　離散の場合と無差別の原理の正当化

　ラッセルとホワイトヘッドによる新たな数理論理学的な手段を
採用してパラドクスに対処しようとした最初の特筆すべき試み
は，1921 年に出版されたジョン・メイナード・ケインズの『確
率論 (*A Treatise on Probability*)』である。ケインズはラッセルと
ムーアの学生で, ラムゼイやウィトゲンシュタインの友人だった。
そのため彼は，以下のようなプロジェクトを試みるには都合のい
い立ち位置にいた。

　ここで取り上げているパラドクスは，記述（description）の変
更から発生している。そこでパラドクスを回避する 1 つの方法
として，記述が変更できないことを確かめてみよう。これを行う
明らかな方法は，無差別の原理をそれ以上分解できない選択肢の
みに適用することである。ケインズはこの路線をとった。無差別
の原理の適用を，我々にとってそれぞれ同等の仮説がそれ以上分
割できない場合（ケインズの用語では "可分〔devisible〕" ではない
場合）に制限したのである。ケインズは，彼の考える "分解" を
正確に同定しようと試みた。つまり，(1) 網羅的で，(2) 排反
で，(3) 正の確率を持つ言明の論理和である文と同値なら，そ
の文は分解可能であるという（Keynes 1921: 65）。ケインズも認
めていたが，この考え方の問題点は，いかなる文も常に間違っ
た方法で "分解" されうる点である。つまり，形式 A の言明は，
$((A \wedge B) \vee (A \wedge \neg B))$ と同等である（ここで B は任意の言明である）。
これは条件 (1) 〜 (3) を満たす。したがって，ケインズの解

決は機能しないようにみえるかもしれない。しかしケインズは，
文は同一の形式ではないことを指摘した。ただしケインズは形式
の同一性とはどういう意味なのかを語っておらず，この解明はカ
ルナップまで待たなければならない（5.4.1 項）。

　しかし，分解に関する妥当な概念が得られた場合でさえ，深刻
な困難が残る。必要となる基本的可能性が存在するという仮定で
さえ，きわめて強い哲学的仮定なのである。これは論理的原子論
の同等物であるようにみえる。さらに，もし実際には確率を分布
させる真の可能性を発見できていなかったならば，我々は常に間
違った答えを得るだろう。この困難を別の方法で表現すると，「論
理的確率は言語依存的である」ということである。もし言語が変
わったら，違う答えが得られる。しかし，言語上の分割が現実の
分割を必ずしも反映していないことは明らかである。したがって
論理的解釈は，言語がどう振る舞うかについては何らかのことを
教えてくれるかもしれないが，非言語的なものがどう振る舞うか
については必ずしも教えてくれない。

　現在の視点からすると，適切な基本的可能性の獲得をどのよう
に保証するかについてケインズが行った説明は，いくぶんエキ
セントリックなものに見える。彼は，"直接的知識（direct knowl-
edge）"——何かについて直接的に獲得されるものに基づいた命
題的知識——を定義するために，ラッセルの区別を採用した。つ
まり，直知（acquaintance）による知識と，記述（description）に
よる知識の間の区別である。さらに彼は，直接的知識を疑う余地
のないものとみた。ケインズに従えば，我々は確率的な関係も含
め，直接的知識によって与えられる命題間の二次的な関係も把握
できる。ケインズはまた，確率はより単純な概念からは定義でき
ないと主張するために，G・E・ムーアによる倫理的知識（これ
は明らかにラッセルの直知の説明と関連している）の直観主義的説

明も採用した。これらの概念により彼は，特定の場合に我々は，無差別の原理の適用可能性を直接的に判断できると主張した（特に我々は，確率に影響を与える他の命題がないことを判断できる。したがって我々は，命題に対して無差別となるだろう，と）[1]。もしここまでに述べてきたことが正しいのなら，等確率の割り当てに関する独立した正当化が手に入ったことになる。つまり，直知によって得られた知識に基づけば，命題間の確率関係を直接的に知覚することは言語依存的ではなく，もっといえば疑う余地はないことになる。

　しかし，ケインズが間違っていると考えるに足る十分な理由がある。強力な反論があるため，ムーアの直観主義はいまではほとんど支持されていない。そしてケインズの直観主義は，さらに強い反論の標的になる。そのため彼のプログラムは一般に（実際にはほとんど普遍的に），失敗したものとみなされている。この失敗は興味深い哲学的物語ではあるが，その解説はまた別の機会に預けよう。

5.3.2　連続的な場合でのケインズ

　もう1つの深刻な問題は，ケインズがパラドクスの一般的な解決を行ったのか判然としない点である。ワインと水のパラドクスに関しては，無差別の原理は単純に適用不能だと彼は主張している（Keynes 1921, chapter 4, section 23）：「なぜならば，それ自身の中に2つの相似た値域を含まない値域はないからである（『ケインズ全集第8巻「確率論」』佐藤隆三訳，東洋経済新報社）」。どれ

1　この説明の興味深い結果は，場合によっては，確率によってすべての命題を順位づけることが不可能なことである。2つの命題間の確率関係について，直接的な知識の得られない場合がある。そのため，それら命題と他のすべてではなくとも一部の命題との関係について，より弱い特徴づけしか与えられない。

ほど細かく可能性空間が区切られようとも，残った選択肢は必ず
さらに分割が可能である。したがって，無差別の原理はこれらの
場合では適用不能とされる（Keynes 1921: 67）。

　しかしケインズは，連続的なケースのパラドクスの一部は，無
差別の原理の改変によって克服可能と信じていたようにみえる。
彼は，対象となるパラメータが実数直線上の *m* 個の区間におけ
る有限個の値に制限され，そして *m* がより大きな値をとる傾向
を持つことが可能な場合，連続的なケースのパラドクスは避けら
れると考えていたようである：

> たとえば，ある点が長さ *m.l.* の線上にあるとしよう。そのとき，選
> 択肢「その点が位置する長さ *l* の区間は，その線上を左から右に動
> いて *x* 番目の区間である」を ≡ f(*x*) と書いてよい。そうすれば無差
> 別原理は *m* 個の選択肢 f(1), f(2), ..., f(*m*) に安全に適用できる。そ
> して *m* の数は区間の長さ *l* が短くなるにしたがって増大する。*l* が
> たとえどんなに小さくても，ある一定の長さであってはいけないと
> いう理由はない。(Keynes 1921: 67, 邦訳同上)

　これがどのように助けとなるかは不明である。我々はまず，不
可分とみなす *m* がどのような値をとるかを決定しなければなら
ない。もちろん，このような選択は恣意的なものとなる。実際には，
それは単純に間違っているように思えるかもしれない。2 番目に，
もし *m* を無限に大きくするなら，再び連続的な値のパラメータ
を扱うことになり，パラドクスが再出現するように思える（その
ようなパラメータの上に定義された確率は，変換の下での不変性を持
たないと考えられる。Howson and Urbach 1993: 60 にこのことを十
分に示す例が掲載されている）［変換と不変性の関係については次章
に説明がある］。また，この件に関してケインズの立場をどう解釈

すればよいか，判断は難しい。彼は『確率論』の続くパラグラフ
で，幾何的なパラドクスの例がどのように特徴づけられるかに基
づいて，異なる解決を与えているように見えるからである（無差
別の原理を弦ではなく，解決の決定に使用した形（shape）に対して使
うものととらえている。おそらくは 6.2.2 で取り上げる解決の考え方
ゆえに）。ケインズの解釈がどれほど興味深いものであろうとも，
連続的な場合のパラドクスで機能する解決法を彼は提出していな
いと結論してもよいだろう。多くの科学はもっぱら連続的な状況
を扱っている。ゆえに，この解決法が見つからないかぎり，論理
的解釈は科学にとっては非常に限定的な価値しか持たない。

5.3.3 継起の規則におけるケインズ

　ケインズは複数の理由から継起の規則を強く批判した。Zabell
1989 にはケインズによる批判の一部への返答がある。しかし，
ケインズの批判の１つは特に注目に値する。帰納的推論の１つ
としての壺モデルの適切性に関するものである。ケインズは，壺
モデルは非常に制限的な仮定であり，一般論としては成り立たな
いと指摘した。一連の回数無制限の試行における，事象の生起の
相対頻度を推定したいと考えるとしよう。このとき，全 n 回の
試行に対し，例えば壺から m 個の白玉の引かれるすべてのあり
うる場合に（同じ確率を）割り当てれば，継起の規則を引き出す
ことができる。ケインズは，観察を行っているいかなる特定状況
でも必要となる仮定 [１つは同じ確率が割り当てられるという仮定，
もう１つは継起の規則を引き出すために必要な玉の数が無限とみなせ
るほど大きいという仮定] が成立することを信じる理由がないと
主張した。そして明らかにここでも，壺の実際の構成要素が正し
く得られていると仮定しなければならない。つまり，現象を正し
くモデル化していると仮定できる必要がある。この場合では，必

要となる直接的な判断ができないため，ケインズの正当化方法は
おそらく機能しない。

　ケインズの著作は確率の基礎研究に大きな進歩をもたらした。
彼の仕事には，現在でも重要性を持つ多くの基礎的な論題に関し
て，魅力的かつ深淵な議論が含まれている。しかし，論理的解釈
を詳しくみていこうとする我々の目的にとっては，それらは中心
的な論題というわけではない。そこで次の，そして最後の論題に
目を向け，ルドルフ・カルナップによる偉大な論理的解釈発見の
試みをみていくことにしよう。

5.4　カルナップ

　カルナップはもちろんウィーン学団のメンバーである。ウィー
ン学団は形而上学を無意味なものとして拒絶した。ウィーン学団
のメンバーは，すべての意味ある言明はそれぞれア・プリオリ
とア・ポステリオリと対応して論理的または経験的であるとする
ヒュームに同意する（彼らはまた，総合的なア・プリオリな真実の
存在に関するカントの主張を拒絶した。ア・ポステリオリを総合的と，
ア・プリオリを分析的と同一視したからである）。したがって彼らは，
すべてのア・プリオリな知識の基盤としての分析性を強調した（論
理的言明が分析的であるとは，それがその意味によってのみ真である
ことをいう）。カルナップにとって哲学の目的とは，科学の真の
言明をこれらのカテゴリーに分けることだった：

　哲学は科学の論理である。すなわち科学の命題，証明，理論の論理
　的な分析である。(Carnap 1934: 54-5)
　しかしそれでは，何を主張するにしろすべての言明が経験的性質の

ものであり，現実の科学に属するのなら，哲学には何が残されているのだろうか？　残されているものは言明ではなく，理論でもなく，システムでもなく，方法（method）——論理的分析の方法——だけである。(Carnap 1932: 77) [2]

　科学を分析するこのプログラムの一環としてカルナップは，帰納的確率の公理は分析的だと示すことにより，帰納的な確率の論理に基盤を提供しようと試みた：「帰納的論理のすべての原理と定理は分析的である」(Carnap 1950: v)。この最後の言明は混乱を招くかもしれない。確率計算の定理が分析的であることに疑いはない（もし何かが分析的であるのなら，数学的定理はその最たるものである）。しかし，実在する帰納的原理が分析的かどうかに関する疑いはある——つまり我々は，帰納の問題に対するア・プリオリな解決を引き出せるのか。これからみるように，そのような解決法の発見にカルナップは失敗した。実際のところ，彼は非常に納得のいく形で失敗したため，我々はそこから有益な教訓を引き出すことができる。

5.4.1　確率の論理的基盤

　カルナップによれば，妥当な演繹的論証の結論に含まれているものは前提にも含まれているという意味で，演繹的な関係は分析的である。カルナップは同様の包含概念を，確率的な帰納論理にも求めた。図5-7の左側では，hはeを含むため，eはhを伴意している（つまり，eを真とするすべてのモデルは，hもまた真とする）。図の右側では，hとeは一部のモデルを共有しているだけ

2　もちろんウィーン学団の物語は私が話したよりずっと複雑である。しかし，ここではこれで間に合うだろう。

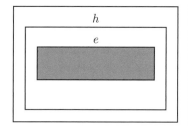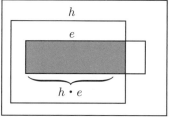

図 5-7　完全な伴意と部分的な伴意

である。*h* は *e* を部分的に含んでいるため，*e* は *h* を部分的に伴意している［この説明でカルナップ自身は entailment（伴意）ではなく implication（論理的含意）のほうを使っている］。

　カルナップは，演繹的論理と，彼が帰納的論理ととらえたものの双方を扱うために必要な論理機構を発展させた。それをこれから簡単にみていこう。最も単純な文の集合とは，ただ 1 つの術語（*A* と呼ぶ）と，*n* 個の個体 $a_1, ..., a_n$ と，十分な論理記号 ¬ や ∧（他は通常と同じように定義する）を持つ基本的な言語のものである。すると，この言語で記述可能なことのすべてのありうる状態を，2^n の連言文 $\pm A(a_1) \wedge \pm A(a_2) \wedge, ..., \wedge \pm A(a_n)$ によって表現できる（ここで $+A(a_i)$ は $A(a_i)$，$-A(a_i)$ は $\neg A(a_i)$ である）。カルナップはこれらの文を状態記述（state description）と呼んだ。1 つの状態記述は，1 つのありうる世界として考えることができる。つまり，その世界におけるそれぞれの個体の状態が記述されている。それぞれの状態記述は，他のすべての状態記述と両立しない。そのため，それらは可能性（少なくとも言語の記述力と関連する可能性）を完全に分割する。したがって状態記述は，ケインズのいう分割不能な命題として働くことができる。例えばあなたは，2 冊の本と 2 色（赤と非赤）のある世界を持っている。すると，この世界

を記述する言語によって生成される，4つの状態記述が存在する。
2冊が非赤，2冊が赤，1冊目が赤で2冊目が非赤，1冊目が非
赤で2冊目が赤，である。明らかに，この言語（とただ1つの述
語を持ついかなる言語にも）には大きな制限がある。それらは説明
という目的に使えるのみである。

　カルナップはある言明の領域（range）を，それと両立できる
状態記述の集合として定義した。演繹的な論理は，領域という視
点から記述が可能である。すべてのありうる世界において成り立
つときに限り（つまりすべての状態記述の真理と両立するとき），文
はトートロジーである。いかなる状態記述の下でも成り立たない
ときに限り，文は矛盾である。eの領域がhに含まれている場合
に限り，言明eはhを伴意している（つまりeと両立するすべての
状態記述は，hに対しても両立する）。最後に，同じ領域を持つ場
合に限り，2つの言明は同等である。

　カルナップは，帰納的な論理を領域の確率測度として解釈した。
これは，関数mを下記のように定義することによってみること
ができる：

1. $\sum_i m(\mathrm{P}_i) = 1$，ここで$\mathrm{P}_i$は状態記述である。
2. もしhが論理的に偽でないなら，$m(h)$は$\sum_j m(\mathrm{P}_j)$と等しい。
   ここでP_jはhを真とする状態記述である（すなわち$\{\mathrm{P}_j\}_j$は
   hの領域である）。
3. もしhが論理的に偽なら，$m(h) = 0$である。

そして関数cを以下とおく：

4. $c(h|e) = m(e \wedge h)/m(e)$

明らかに，mは確率で，cは条件付き確率である。$c(h|e)$は，e
の領域にhの領域が含まれる測度であり，そのため部分的伴意

の測度となる。測度の定義からすると，この定義から得られるいかなる定理も分析的となるだろう（カルナップの視点では）。これは，帰納的論理は分析的だというカルナップの主張を正当化すると思えるかもしれない。

しかし，h と e に加え特定の r に対する言明 $c(h|e) = r$ は，一般に分析的では̇な̇い̇。これは関数 m が割り当てる値に依存しており，0 から 1 の間の（ほとんど）いかなる値もこの定義を満たすからである。そのため，公理のみでは確率の論理的解釈の基盤を提供できない。この方法は確率の割り当てを固有に決定しないからである（特に非対称的な場合では）。このことは，1 つの個体と 1 つの述語を持つ言語を取り上げることで容易に確認できる。つまり，$p(-Aa)$ との合計が 1 になる限り，$p(+Aa)$ には 0 〜 1 の任意の数字を割り当てることができる（同様の議論は条件付き確率についても可能である）。

したがってカルナップは，許容可能な確率へと制限するために，確率の測度に付加的な制限を求めた。先の 1，2，3 の制約のなかで特定の確率の値の割り当てを支配する法則を，カルナップは帰納的方法と呼んだ。しかし彼の研究は，無限に多くの帰納的方法である λ 連続体（λ-continuum）の発見という結果を導いた。この帰納的方法の連続体から，彼は 2 つの測度 $m^{\star}$ と $m^{\dagger}$ に注目した。

5.4.2　帰納的方法の連続体

著書『*Logical Foundations of Probability*』のなかでカルナップは，条件付き確率の 2 つの測度 $c^{\dagger}$ と $c^{\star}$ だけを考えた（これらと関連する非条件付き確率の測度は $m^{\dagger}$ と $m^{\star}$ である）。双方とも対称的な条件付けを設定することによって得られる。$c^{\dagger}$ は状態記述に等確率を割り当てたもので（先に検証したもの），$c^{\star}$ は構造記

述に等確率を割り当てたものである（構造記述に関しては後述する）。$c^{\dagger}$はウカシェヴィチ，ウィトゲンシュタイン，ケインズに支持された測度で，$c^{\star}$はラプラス的な古典的測度である。

今述べたように，$c^{\dagger}$は，先述の状態記述に無差別の原理を適用することによって得られた条件付き確率である。ここで考えているシンプルな言語には2^nの状態記述しかないため，もしそれぞれの状態記述に確率を等しく割り当てたら，それぞれ$(1/2)^n$の確率を持つことになる。この測度は，標本サイズや，a_iのAを有する割合についての情報の両方と連動しないことがわかっている。どれほど多く事象が観察されようとも，他の事象が何らかの方法で明らかになっている場合に，特定の方法で明らかになる事象の確率は，常に1/2である。経験からの学習を提供しないため，このような測度は帰納的にはなり得ない。このような理由から，カルナップはそれを拒絶した（1952: 38）。なお，『論理哲学論考（*Tractatus*）』のなかで$c^{\dagger}$を彼の測度として採用したウィトゲンシュタインは，この結果によく気づいていた。しかし彼は，帰納的論理学を構築することは意図していなかった（Childers and Majer 1998 参照）。

測度$m^{\star}$は，構造記述の等確率に基づいている。構造記述とは，性質（property）が個体の間に分布するすべての方法の記述である。これは，同数の述語を持つすべての状態記述から，論理和を形成することによって行われる。例えば，1つの述語と2つの個体を持つ単純な言語の場合では，3種類の構造記述がある：

$A(a_1) \wedge A(a_2)$,
$(A(a_1) \wedge \neg A(a_2)) \vee (\neg A(a_1) \wedge A(a_2))$,
$(\neg A(a_1) \wedge \neg A(a_2))$

すべての構造記述に等確率を割り当てることは，ラプラス的な無

差別の原理と同等である。そのためカルナップは，継起の規則を引き出すことができた。この測度は標本サイズに感受性があるため，状態記述の等確率に基礎をおいたそれよりも満足できるもののように思える。

　カルナップはのちに『*The Continuum of Inductive Methods*（1952 年）』内で，標本と母集団のサイズに影響を受ける測度を分類するために，正の実数値を持つパラメータ λ を使った一般的な手段を発展させた（このなかでは，$c^\dagger$ の値の連続体の両端は $m^\dagger$ と $m^\star$ である）。帰納的方法の λ 連続体は，以下のようにして決定される方法の集合である。標本サイズ n 内の m 個の個体が A を持つとする（これを $rf(m, n)$ と表記する）。次の観察が A である確率 A_{n+1} は：

$$c_\lambda(A_{n+1}|rf(m,\,n)) = \frac{m + \dfrac{\lambda}{k}}{n + \lambda}$$

ここで k は属性（述語）の数である。この分類は，提示された測度の領域を与える。例えば，もし λ = 0 なら，次の事象が A を持つ確率は，単純に A の観察された相対頻度である（いわゆる "単純な規則（straight rule）"）。もし λ = 0 なら，$c^\star$ を得る。二項的な言語では $k = 2$ で，λ = 2 は継起の規則を与える。

　カルナップは，λ = 2 を設定することの正当化を望んでいたように見える。しかし彼は，そのための独立した正当化の提出に失敗した。他の値ではなく特定値の λ を選ぶ理由はないため，カルナップ的なフレームワークの制限にこだわる動機はほとんどないように見える。これらの制限はかなり深刻なものに思える。例えば，すべての帰納的方法がカルナップのフレームワーク内で表現できるのかさえ不明である（反帰納的方法は表現できない）。さら

に悪いことに，連続的な場合に対するシンプルな一般化が存在しない。したがってカルナップ的な論理的確率は，科学を扱うには不都合なものとなる。カルナップのプログラムは1970年代初期には店じまいし，それと共に確率計算の論理的解釈という概念も過去のものとなったと広くみなされている。

5.5 結 論

　論理的解釈は近年，再評価されている。これには2つの流れが関与している。第一が，パリスやヴェンコブスカらによる数理論理学の成果に由来するものである。彼らは，論理的確率に要求される正確な対称性を実現するために自己同型（automorphism）という概念を適用することによって，驚くべき飛躍を成し遂げた。自己同型とは，その名前が示すように，構造を維持する形で対象を自身の上にマッピングすることである。標準的な例は，三角形の360°の回転である。三角形は変化しない。数学者たちは，自己同型の群を対称性を記述するために使った（Weyl 1952に古典的な説明がある。Guay and Hepburn 2009はより最近の哲学的貢献である）。したがって，論理的構造にこの手段を適用することは自然と思える。結果として得られる確率の説明は，非常に洗練されたものである（そして技術的にはかなり高度である）。Paris and Vencovská 2011および2012がいい導入となるだろう。そして論理的確率が再評価されるきっかけとなった2番目の流れは，物理学に由来している。次章ではそれを取り上げる。

第6章
最大エントロピー原理

最大エントロピー原理（maximum entropy principle）は，第5章で説明したカルナップのプログラムの自然な延長線上にあるものとしてとらえることができる。この原理は，E・T・ジェインズの仕事によって知られるようになった。ジェインズは，無差別の原理をクロード・シャノンの驚くべき論文（1948年）の上におくことによりアップデートした[1]。シャノンは情報の量的な尺度を開発したが，これは対称性を持つ確率分布の決定に使用できるものだった。最大エントロピー原理の支持者たちは，この原理を使えば論理的な解釈が抱える，すべてではなくとも多くの困難が避けられると考える。しかし，多くの魅力的な特徴があるにもかかわらず，この原理もより洗練された形ではあるが同じ欠点に苦しむことをみていく。

6.1　ビットと情報

プロコプは，お気に入りの画像ソフトがもっとスムーズに動くよう，パソコンにメモリーを増設したいと考えていた。メモリーは本書執筆時点ではギガバイト単位で売られている。バイトはビットからできており，8ビットである。ビットはメモリーの単位である。つまりビットは1か0を保存する場所であり，ギガバイトは多数のバイトである。

ビットは情報の単位として考えることができる。ビットを例えば，電荷の有無のあるRAMチップ上のセル（コンデンサとトランジスタ）として考えたくなる誘惑に駆られるかもしれない。し

1　なぜ"驚くべき"なのか？　シャノンはこの論文によって情報理論の全領域をほとんど完全な形で生み出したからである。

かしここでは，電荷を持つセルが表すこと――その意味に集中しよう。ビットは，スイッチのオンとオフを表すことができる。あるいはコインの表と裏を表現できる。つまり何らかの 2 つの状態を表すことができる。抽象的には，ビットを指示変数 (indicator variable) として考えることができる。いくぶん誤解を招く表現ではあるが，指示変数はその引数が起こったかどうかで 1 か 0 をとる関数である。例えばコイン投げで表が出れば 1 をとり，そうでなければ 0 といった関数などが考えられる。

　指示変数は，特定の物事がある状態をとっているかどうかを教えてくれる。そのような単一の変数 A が与えてくれる情報の量を考えてみよう。それは，1 か 0，オンかオフ，表か裏のどちらの状態にあるかを伝える。もしそのような 2 つの変数 A と B があれば，2 つではなく 4 つのありうる状態が存在するので，2 倍の潜在的な情報の量が手に入ることになる（A が 1 で B が 1，A が 1 で B が 0，A が 0 で B が 1，A が 0 で B が 0。または 1 番目のスイッチがオンで 2 番目のスイッチがオン……，1 番目のコインが表で 2 番目のコインが表……，等々である）。ここに C を加えると情報量は 4 倍になる（確かめるためには A, B, C に対する真理値表の行数を数えてみればいい）。次に D を加えれば 8 倍……と続く。

　指示変数を加えるたびに，表現力は指数関数的に増大する。指数関数的により多くの可能性を記述できるようになるからである。例えば，単一のコイン投げを記述するのではなく，3 枚のコイン投げを記述すると，2 つのありうる結果ではなく，8 つの結果を持つことになる。1 枚のコイン投げの結果を記述することは，1 ビットを要求する。3 枚のコイン投げでは 3 ビット……，という関係である。この例は非常に明快である。

　より抽象的に考えてみよう。1 つの指示変数 A で，2 つの状態を記述できる。A と B の 2 つでは 4 つの状態が記述できる。A,

B, Cの3つでは8つの状態である。ここでnを指示変数の数とすると，状態の数は2^nである。可能な状態空間を，可能な配置の空間として考えてみよう。変数を加えるたびに，それは大きくなる。数学的には，指示変数における線形増加として情報は指数的に変化する。この場合に使われる自然な測定方法は，対数である。同時に，対数は情報を線形にしてくれる（対数が苦手な方や簡単な復習が必要な方は補遺 A.0.5 参照）。そして，1つの二項確率変数Aには2つの潜在的な状態があり，情報量は$\log_2 2 = 1$と表せる。AとBなら$\log_2 4 = 2$，AとBとCなら$\log_2 8 = 3$……等々と続く。これで，$\log_2 n$という妥当と思える情報の尺度が手に入った（ここでnは状態の数である）。より複雑なバージョンでは，指示変数に2より多い状態を表現させることが可能である。これは対数の底を変更することによって可能となる。

ここまでは問題ない。しかしこれは，コンピュータの製造で使用されるような，ビットで定義される情報だけを扱っていたためである。我々が欲しているのは，情報のより一般的な概念である。つまり，「指示変数が特定値をとるチャンスから得られる潜在的な情報」という概念が必要である。この概念は，情報と確実性との関連を測定する。あなたが確実だと思っている何かを学ぶことは，何らの新しい情報もあなたに与えない。しかし，あなたが偽だと思っている何かを学ぶことは，多くの情報をあなたに与える。これをモデル化するために，確率を使用する。ある事象の確率が大きくなると，潜在的な情報は減少する。

情報——情報性（informativeness）と言ったほうがいいかもしれない——を測定する1つのやり方は，試行の結果についての符号化されたメッセージの送付を考えることである。ここでは試行として，8面のサイコロを振った結果を使う（6面ではなく8面のサイコロを使った理由はすぐにわかる）。メッセージは0と1（つま

りビット）の列として送られる。もちろん，結果を符号化する多くの方法がある。下の表はその一例である：

1	0
2	10
3	110
4	1110
5	11110
6	111110
7	1111110
8	11111110

ここで，結果はわからないが，しかしそれぞれの結果は同様に見込みがあると考えられると仮定する。すると，この符号化方法で期待されるメッセージの長さは下記となる：

$$1/8 + (1/8)2 + ... + (1/8)8 = 4\frac{1}{2}$$

よりコンパクトな符号化法としては：

1	111
2	110
3	101
4	100
5	011
6	010
7	001
8	000

この場合には期待される長さは明らかに3である。確率との関係は次のようになる。同様の見込みで起こる8つの結果を記録するためには，3ビットが必要になる。これは確率の逆数（同様に見込みのある結果の必要数）の対数をとることによって決定できる。

この場合では、2 をべき乗して 8 つの結果を得る数が必要である。
つまり 3 である。一般的な式は：

$$\log_2 \frac{1}{p(x_i)} = \log_2 p(x_i)^{-1} = -\log_2 p(x_i)$$

この式は、最適に圧縮された符号化の平均的長さの最適な推定と
して働く。ここで x_i は結果の符号化、つまり確率変数である [2]。
通常の手順に従い、この測度を $I(x_i)$ として表記する。

　容易に判明するように、この情報の定義は、確率変数が独立で
等確率を持つとき、これまで使ってきた定義に帰着する。しかし、
この定義にはビットの尺度以上の意味がある。それは $I(x_i)$ のグ
ラフを考えてみればわかる（図6-1）。もし結果が確実なら、メッ
セージが運ぶ情報は 0 である。あなたは既に事象が起こるであ
ろうことを知っている。そのため情報性はまったくない。結果の
確率が 0 に近づくにつれ、測度は無限となっていく。事象の起
こる見込みが非常に低くなれば、メッセージはより多くの情報を
与える。関数の"真ん中"、つまり中間は 1 で、あることの見込
みが他のことに比べてどうなのかわからない場合である。つまり
$p(x_i)$ は 0.5 である。

　図6-1 のグラフは、$I(x_i)$ が A の驚きの度合い（surprisal val-
ue）として知られている理由も明らかにする。もし $p(x_i) = 1$ なら、
そこに驚きはない。そして $I(x_i)$ は 0 である（「太陽は明日昇るだ
ろう！」。その通り。あなたの返事は「それが何か？」である）。しかし、
$p(x_i)$ が 0 に近づけば、驚きの度合いは無限へと近づく（例えば無

2　6面ではなく8面のサイコロを使ったのは、以下の複雑化を避けるためであ
る。つまり $\log_2 6$ は無理数であり、これは簡単に証明できる（証明は省略）。そして
$\log_2 p(x_i)$ という測度は理想的なものである。

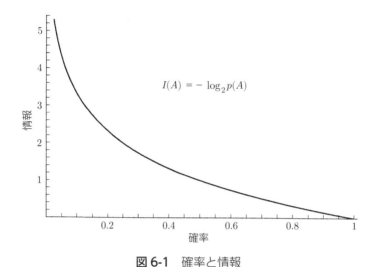

$$I(A) = -\log_2 p(A)$$

縦軸: 情報
横軸: 確率

図 6-1 確率と情報

神論者が「オーマイゴッド！」などと叫ぶ状況である）。真ん中あたりは予想通りでもなく，予想外でもなく，「そうなんだ」である。

6.2 最大エントロピー原理

$I(x_i)$ はそれ自体が確率変数である。そして，それが特定値をとる確率を確認することができる。つまり期待値を見つけることができる（平均のこと：補遺 A.3.2 参照）。これは文献によっては $H(x_i)$ とも表記される。最も一般的な形式では，確率変数は2つではなく n の可能性のある結果を持ち，下記のように表される：

$$H(A) = E(I(A)) = -\sum_n p(A_n)\log_2 p(A_n)$$

ここで A_n は，A がありうる結果の n 番目をとることを示している。

非常に興味深いことに，情報の期待値として得られたこの式は，物理学において見いだされるエントロピーの式と同じ形をしている。そのため $H(A)$ は，A の（シャノンの）エントロピー (entropy) と呼ばれる。本書では，物理学的文脈と情報理論的文脈でのこの量の関係性についての議論には踏み込まない。この問題に興味のある読者には Uffink 1996 を紹介しておく。しかし，有名になったジェインズの仕事の一部は，不確実性を扱うものとしての統計力学の再定式化である。つまり，物理学的理論としてではなく，「統計的推論理論，すなわち論理学または認識論から派生したものとしての」統計力学の再定式化である（Uffink 1996: 224）。

$A = 1$ と $A = 0$ の 2 つのありうる結果しかないため，いま扱っている二項確率変数のエントロピーの決定は単純である。この場合の期待値は以下になる：

$$- p(A)\log_2 p(A) - [(1 - p(A))\log_2 (1 - p(A))]$$

図 6-2 に示したように，p の値に対する関数のグラフを描くことができる。

この関数のピーク（エントロピーが最大）は，確率が等しいときである。これは通常，関数の中央（この場合では 0.5）が，A の特定の結果が起こることに対して支持／反対いずれの情報も持たない場合であることを示していると解釈される（図 6-2 は Shannon 1948 に見ることができる）。

エントロピーが最大になるのは，ありうる諸結果の確率が等しいときであることを示すことができる。エントロピーの最大化と最小限の情報を関連させることで，無差別の原理のアップデート

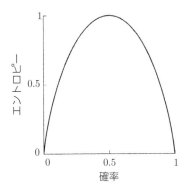

図 6-2 確率とエントロピー

版を手にできる：

◆ 最大エントロピー原理
背景知識に従って確率を割り当てよ。確率変数の集合がとる可能性のある，ありうる値について他に情報を持たない場合には，それら変数のエントロピーが最大になるよう確率を割り当てよ。

この原理の最初の提案者であるジェインズは言う：「部分的な情報に基づいて推論を行うにあたっては，なんであれ知られていることに従う最大エントロピーを持つ確率分布を使わなければならない」（Jaynes 1957a: 623）。

最大エントロピー原理の適用における背景知識による制約を説明するためには，例えば次のような場合を考えるといいかもしれない。6 面のサイコロを投げるとして，何らかの理由から，1 または 6 が出る結果が除外できるとする。さらに，サイコロについてそれ以上の情報はないと仮定する。ここで最大エントロピー原

理に従うなら，残ったありうる結果へと，エントロピーを最大に
する形で確率を割り当てるべきである。この場合なら，2，3，4，
5へと等確率を割り当て，それぞれ 1/4 = 0.25 の確率となる。

　最大エントロピー原理は，同じ情報を持つ誰もが同じ確率分布
を採用することを要求するため，この原理に基づいた確率解釈は
客観的ベイズ主義（objective Bayesianism）と呼ばれることがある。
ただし私はこの名称を避けたいと思う。理由は 6.4 節で明らかに
する。

　無差別の原理が直面する問題にこの理論がどのように対処する
かという議論に戻る前に，連続的な場合の最大エントロピー原理
を検証しておく。この論題は，確率研究者の大きな注目を集めて
きた。確率の論理的解釈に伴う最も厄介な問題のいくつかを解決
する希望をもたらすように思えるからである。

6.2.1　連続的な場合の最大エントロピー原理

　本項には少々難しい記述がある。微分計算の理解が要求される
ので，飛ばすか斜め読みしてもいい（少なくとも本書で議論してい
る哲学的問題に打ち込む覚悟を決めていない人であれば，だが）。

　最初の課題は，連続的な最大エントロピー原理を構築すること
である。単純にまずは離散的なバージョンを考えて，通常の数学
的手順に従って選択肢の集合をどんどん大きくしていけば（確率
をどんどん細分化していけば）いいのではないかと思えるかもしれ
ない。このプロセスを無限に拡張していけば，（連続的な無差別の
原理から類推して）微分エントロピー

$$- \int p(x) \log p(x) dx$$

として知られる［エントロピーの］連続的な形が得られるのでは

ないかと。しかしそうはならず，かわりに［リーマン］和は無限
大になる（この証明は Cover and Thomas 2006:247-8 にある。彼らは
式 8.29 の 2 項目が $\Delta \to \infty$ と無限になることに言及していない）。

　そのため，我々はまだ連続的な形の式を必要としたままである。
1 つの（明らかに特殊な）戦略は，この都合の悪い結果を単純に
無視し，微分エントロピーが離散的な形式 $[H(A)]$ に似ている
ので連続的な形式であると断言することだろう。ほとんどの人が
この路線をとらないことには 2 つの理由がある。まず，微分エン
トロピーは負になりうる（Ash 1965: 237）。2 つ目に，変数の変
化の下で不変ではない（連続的な無差別の原理によって生成された
確率分布関数がそうではないように）。

　エントロピーの連続的な形式と考えられる他の量がある。最も
有名なものは相対エントロピー（relative entropy）である（カルバッ
ク - ライブラー・ダイバージェンスとしても知られる）：

$$\int p(x) \log \frac{p(x)}{q(x)} \, dx$$

ここで $p(x)$ と $q(x)$ は確率密度関数である（補遺 A.3.3 参照）。
$p(x)$ は，最大エントロピー原理の適用によって決定しようとし
ている分布である。$q(x)$ は，「"不変測度" の関数で，離散点の
極限密度に比例する（Jaynes 1968: 15）」。言い換えるなら，$q(x)$
は平坦な分布である。相対エントロピーをみる 1 つの方法は，2
つの確率分布の間の相違を測定することである。もしそれらが完
全に異なるなら，相違量を表すこのダイバージェンスは無限大に
発散するだろう。もし分布が同じなら，ダイバージェンスは 0 に
収束する。

　相対エントロピーは，多くの "都合のよい" 性質を持つ。場合
によってはシャノンのエントロピーに帰着され，非負であり，変

228

換の下で不変のままである。これは，最大エントロピー原理が無
差別の原理のような平坦な分布を提供すると同時に，それと関連
するパラドクスを克服できるようであることを意味している。次
項で本当にそうなのかをみていく。

6.2.2　最大エントロピー原理と幾何的確率のパラドクス

　プロコプとヤルダはマンションのガレージにいた。床には
チョークで円が描かれ，その中には2つの内接三角形が描かれて
いる（図6-3）。プロコプは木の棒をその円に向かって投げながら，
「長い！」「短い！」と声を出している。ヤルダは結果を記録に取っ
ている。それを見た牧師は「サタンよ去れ！」と叫び，逃げ出し
た（「あれ？　そういえば魔女の五芒星に見えるなこれ」「ああ，6つ
辺があることを除けばね」）。5.2.3で説明した幾何的パラドクス—
—「ランダムに描いた弧が，円に内接する三角形の一辺より短い
確率」に関する質問に複数の答えがあること——をプロコプが示
した後，ヤルダは当然の疑問を口にした：「オーケー。それでど
の答えが正しいんだ？」。これはプロコプを困らせた。彼は無差
別の原理が矛盾を導くことを示そうとしか思っていなかったから
である。しかしヤルダは現実的な人間である。そこでこの問題の
結果を確かめる実験を提案した。彼らは実際に円を用意すること
にし，データを測定しやすくするために2つの内接三角形を描い
た。そして疑問の検証を行った。データが得られ，結果は明らか
だった。答えは，「内接三角形（または測定を効率的にするため
のダビデの星）の一辺より短い長さを持つ形で弦が円内に落ちた
チャンスは1/2」であった。正しいのは2番目の説明だとヤルダ
は言い張った。プロコプは伸ばし始めたヴァン・ダイクスタイル
の髭をいじっていた。

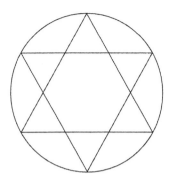

図 6-3　ヤルダとプロコプによるジェインズの実験の実践

　ジェインズはこれと同じ実験を 1973 年に実施し，同じ結果を得た。さらにジェインズは，どの説明が正しいかを示しただけではなく，最大エントロピー原理と合致する形でベルトランのパラドクスを解決する説明を行ったと主張した。ジェインズは，このパラドクスの中心にある問題をわかりやすく表現し直してくれている。問題は，無差別であるべきパラメータの選択なのである。つまりそれは，「円周に対して弦が交わる角度なのか？」「弦の中点と円の中心の間の距離なのか？」「円の面積に対する弦の中点の位置なのか？」（Jaynes 1973: 1）。このそれぞれは，ベルトランのパラドクスで確率を決定するそれぞれの方法に対応している（相対エントロピーの視点からは，参照する事前分布の決定に対応している）。もしどのパラメータを無差別なものとして扱うべきかわからないときには，3 つの答えが得られる。そしてパラドクスが発生する。

　ジェインズは，無差別と考えるべきパラメータを決定する方法を発見したと主張した。彼の提案は，参照する事前分布の探究に対して物理学者がしばしば問題解決に使う方法を参考にすると

いうものだった。つまり彼が"問題の同一性（sameness of problem)"と呼んだものを探すのである。我々は，問題をどう言い換えたときに，その問題に対する答えが変化しないかを決定すべきなのである。導かれるのは，問題の特徴づけに使用すべき不変性（invariance）あるいは変換（transformation）の選択である。変換がどんなものかを理解するために，方眼紙と，赤い厚紙から切り出した小さな円を持っていると想像してほしい。方眼紙の上に円を置く。次に，中心の位置を維持したまま円を回転させる。きれいに切り取れていれば，円はまったく同じに見えるだろう。そして方眼紙の上で円を上方向や右方向に移動させる。円はまだ同じに見える。最後に，円と方眼紙を同じ割合で拡大（拡張）できると想像してほしい。そして適切な距離をあけて観察すると，円はやはり同じに見える。したがって円は，回転，平行移動，拡張の下で不変である（拡張の不変性はスケール不変性と呼ばれる場合もある）。

ジェインズは，ベルトランのパラドクスは正しい不変性の発見に注目することによって解決できると主張した。円の中へ木の棒を投げる試行の結果に関しても，上記3つの方法で不変な状況を想像できる。木の棒を投げるときに円周のどこに立とうが重要ではないはずである。木の棒を投げるときに円がランダムに動こうが重要ではないはずである（ヤルダは円を紙の上に描いて，プロコプが棒を投げる際にそれを動かすこともできたが，これは断念した。ガレージは暗く，明かりにはロウソクが必要だったため，彼は円をチョークで描いた。牧師を恐怖させることになったのはこれが理由である）。最後に，どのようにしてか円と木の棒を同じように拡大・延長できた場合でも，弦が内接三角形の一辺より長い頻度に違いはないはずである。

実際には，円と木の棒を同様に拡張すると想像する必要はない

(「ところでそのビール，どんなのが入ってるの？」）。ジェインズは，異なる大きさの目で観察するというアイデアを使った。しかし，精度の高くない測定手段しかない我々の実験を機能させるためには，非常に異なる大きさの目が必要である。ここで観察の手助けとして，ダイオウホウズキイカを呼んできてもいい。このイカは大きな目を持つことに関しては現在のレコードホルダーである。生きて捕獲されたときに推定 30 cm の直径の目を持つ，数少ない種の1つである（「プロコプ，巨大な頭足類から見つめられているように感じたことがあるか？」）。

　回転，平行移動，拡張の下で不変となるベルトランの問題の解決が必要だとすると，先の答えの2つ——「円周と弦の交点の角度（確率 2/3）」と「円の面積に対する弦の中点（確率 3/4）」の無差別性——は除外される。双方とも平行移動で不変ではなく，最初のものはスケールの変化でも不変ではないからである。

　こうして円周から中点までの距離に関する無差別性が，唯一のありうる解として決定される（Jaynes 1973 に詳細がある。これは補遺でもスキップする）。そして，最大エントロピー原理を，弦が特定の長さとなる確率（密度）の決定に適用できる。答え 1/2 が与えられ，これは実験の結果と一致する。

6.2.3　連続的確率の決定

　ジェインズは幾何的確率のパラドクスを，より一般的にはこの原理によって生成されるすべての類似パラドクスを解いたようにみえる。我々は現在，この達成がどのようにして（おそらくは）実現されたのかを検証できる，より明確な場所に立っている。最大エントロピー原理は事象のレベルに適用するのではなく，彼が"問題（problem）"と呼んだレベルに，つまりは確率を決定したい状況の言明に適用すべきなのである。それら状況の記述間の無

差別性は変換の群を発生させ，それが確率を決定する（場合がある）：

> 我々は，この原理を事象の間の無差別性のレベルに適用することは危険だという確率理論を展開した多くの著者に同意する。ベルトランのパラドクスが示したように，このような論題における指針としては，我々の直観は非常に頼りにならないからである。
>
> しかし，我々の視点では，無差別の原理は問題の間の無差別性というより抽象的なレベルでは，適切に適用される可能性がある。なぜならこれは，問題の言明によって明確に決定される事柄であり，直観とは独立しているからである。もし明確な解決が存在するのならば，問題の言明において未特定のままのすべての状況は，解決法が持つはずの不変性という性質を規定する。それら不変性を数学的に表現する変換の群は，解決の形式に明確な制限を課し，そして多くの場合で完全にそれを決定する。(Jaynes 1973: 9)

"問題"があまりに多くの不変性を必要とする方法で記述される場合があり，それらすべてを満足させる解決は存在しないかもしれない。このような問題は実際のところ過剰決定（overdetermined）［条件が多すぎて解が存在しないこと］である。また，詳細を欠く問題は過小決定（underdetermined）［条件が少なすぎて解を定められない］で，「あまりに多くのことが未特定で残され，不変性の群は大きすぎ，それらに依拠できる解決は存在しない（Jaynes 1973: 10）」。そして彼の主張によると，ベルトランの問題は過剰決定でも過小決定でもない。つまり対称性によって固有の解決が得られる。対称性は，最大エントロピー原理を特定の方法で適用すべきものを規定する。

ジェインズによると，最初に対称性を見出すべきであり，その

次に最大エントロピー原理の適用が行われる。したがって，フォン・ミーゼスの格言「まずコレクティーフ，次に確率」を書き換えて，ジェインズバージョンの論理的解釈を表現する格言を作ることができる：

「まず対称性，次に確率」

　この論点のもう1つの表現方法がある。最大エントロピー原理は基本的な，確率の基礎になるものとしてとらえることができるが，その逆は正しくない。したがってこの原理は矛盾を導かない。確率決定のレベルで適用するときには，1つの答えか，答えなしかのどちらかだからである。

6.3　最大エントロピーとワイン-水のパラドクス

　ジェインズは1973年，ワインと水のパラドクスを見限った。この問題には対称性を特定する十分な情報がないと考えたからである（この問題は過小決定で，あまりに多くの解決法が存在し，[複数の解が出てきて]矛盾が起こる）。しかしローゼンクランツは1977年，解が存在すると主張した（Rosenkrantz 1977）。彼によると，この問題はスケールに対する不変性を要求する。非常に直截な論証によって，対数一様分布（log-uniform distribution）がスケール不変性を満たすことが示された（Milne 1983に最も明快な提示があるが，van Fraassen 1989: 309, 370 n. 14も参照）。

　対数一様分布では，aとbの2点間に入る量の測度を，$\log b - \log a$をスケールの端点同士の$\log$の差で割ったものとして考える。ここで$\log$は自然対数で，底はeである。すると，お馴染み

の式が得られる。範囲 $[a, b]$ を持つあるパラメータ T に対して，部分区間 $[c, d]$ に入る確率 $p(c \leqq T \leqq d)$ は下記となる：

$$\frac{\log d - \log c}{\log b - \log a}$$

（この量は実際には対数の底とは独立である。また，このバージョンの最大エントロピー原理は，正の値をとるパラメータのみに機能する。ただしこれは修正できる。Milne 1983 参照）。これをワイン‐水のパラドクスに適用すると，$p($ ワイン / 水 $\leqq 2)$ を求めており，下記となる：

$$\frac{\log 2 - \log \frac{1}{3}}{\log 3 - \log \frac{1}{3}} = \frac{\log 2 - \log 3^{-1}}{\log 3 - \log 3^{-1}} = \frac{\log 2 + \log 3}{\log 3 + \log 3} = \frac{\log 6}{\log 9}$$

$p($ 水 / ワイン $\geqq 1/2)$ を得るためには

$$\frac{\log 3 - \log \frac{1}{2}}{\log 3 - \log \frac{1}{3}} = \frac{\log 3 + \log 2}{\log 3 + \log 3} = \frac{\log 6}{\log 9}$$

こうして矛盾は消滅し，最大エントロピー原理はこの偉大な挑戦を克服したのである。

6.3.1　解決の問題点——次元を持つか否か？

　これでこの話は終わったのだろうか？　ミルンは 1983 年，対数一様分布を使っても異なる答えが出るパラドクスが存在すると指摘した（Milne 1983。van Fraassen 1989: 307, 314 はミルンの議論の非常に明快な説明を提示している）。

　部屋に戻ったプロコプは，4 cl の液体が入ったビーカーを発見した。その隣にはメモが置いてあり，「この液体の $2\frac{2}{3}$ cl 以下が

ワインである確率は何か？　グラスの中には少なくとも 1 cl，最大 3 cl のワインが入っている。僕は隣の部屋で君の作ったビールを飲んでいる。ヤルダより」とあった。

今やこの問題は機械的に計算できる。ワインのありうる範囲は $1 \sim 3$ cl である。よって $p($ ワイン $\leqq 2\frac{2}{3}$ cl $) = (\log 2\frac{2}{3} - \log 1)/(\log 3 - \log 1) = \log 2\frac{2}{3}/\log 3$。しかし，もしグラスのワインが $2\frac{2}{3}$ cl 未満なら，水に対するワインの割合は，$2\frac{2}{3}$ cl$/1\frac{1}{3}$ cl $= 2$ 未満となる。これは $\log 2\frac{2}{3}/\log 3 \neq \log 6/\log 9$ なので，矛盾である。

元々の例では割合のみを使っていたが，この再提示された問題では体積を使った。つまり元々の例は無次元量であるが，この例はそうではない。ファン・フラーセンが指摘したように，対数一様分布はスケールの不変性には従うが，平行移動の不変性には従わないため，これは矛盾が蘇るに十分である。しかし我々が次元を使うと，必要とする不変性は変化し，矛盾が発生する。次元的な特徴付けと無次元的な特徴付けは異なる問題だと主張する人がいるかもしれないが，明らかにそうではない（この論争はこれ以上追わない：Mikkelson 2004 には別の解法がある。Deakin 2006 はそれは間違いだと主張している）。

6.4　言語依存性

これは必ずしも最大エントロピー原理の致命傷というわけではない。最大エントロピー原理の擁護者はいつでも，ワインと水のパラドクスのような状況は過小決定だとして，原理の限界を受け入れる位置へと戻ってくることができる。しかし，このパラドクスは，最大エントロピー原理が持つより深い問題点を指摘して

いるように思える。つまり，最大エントロピー原理によって与えられる確率は，問題の言明が行われる概念的および言語的な枠組みに依存しているというものである。次項では，「この依存性は，最大エントロピー原理から得られる客観性に対するいかなる主張にも疑問を抱かせる」ことを示しているとされる有名な例を検証する。

6.4.1　統計力学的な反例

　フェラーは，我々が統計力学的な反例 (statistical mechanics counterexample) と呼ぶものを提出した (Feller 1957: 39-40。異なる文脈ではあるが，この反例は Howson and Urbach 2006: 270-1 でも再提出された)。素粒子の振る舞いに関する物理学的な確率の説明では，粒子がどう振る舞うかの可能性空間（つまり，粒子のありうる運動量と位置を記述する位相空間）は，等しい n 個の領域に分けられる。これらの領域を，セル（格子状の小さな四角い箱）として考える。これは非常に小さな箱である。r 個の粒子があると仮定し，粒子はボールのようなものと考えるとする。さらに，複数のボールがどのように複数のセル内に分布しているかはわからない。そしてある決まった領域を動いている複数の粒子があると仮定する。それら粒子は外からいかなる力も（意味があるほど長期的には）受けていない。ボールはセル内にどのように分布するだろうか？　これは明らかに，最大エントロピーまたは無差別の原理に基づいた論証が利用できる分野である。ここで我々は，n^r 個のありうる配置へと等確率を割り当てるべきと思える（セルには任意の数のボールを入れることができる）。等確率を割り当てることにより，ガスがどのように振る舞うか記述できることはわかっている（物理学者が諸事情からマクスウェル‐ボルツマン統計と呼ぶものを使って——我々はそれを分布と呼ぶ）。しかし，いかなる粒子

も実際にはマクスウェル - ボルツマン統計に従って振る舞ったり
はしない。

　量子力学には大きな厄介ごとが存在する。n^r 個のありうる配
置のすべてが可能なわけではないのである。実際には粒子の種類
への依存性がある。すべての粒子は，フェルミ粒子（半整数スピ
ンを持つ。意味については心配しなくていい）かボース粒子（整数
スピンを持つ。同じく）である。フェルミ粒子とボース粒子は異
なる対称性を持つ。フェルミ粒子はフェルミ - ディラック統計に
従い，ボース粒子はボース - アインシュタイン統計に従う。これ
らの分布は平坦で，特定の制限に従う（粒子は重ね合わせの状態を
取りうるため，識別が不可能となる。2つのフェルミ粒子が同じセル
内に存在することはない）。要は，その可能性には違いがある。

　いま語っているこの話の要点は，フェルミ粒子やボース粒子は
存在するが，マクスウェル粒子は存在しないということである。
ア・プリオリな推論は我々を間違った方向へ連れていくため，我々
は世界と実験の観察にこだわるべきである。無差別の原理と最大
エントロピー原理は単純に間違っているか，あるいは少なくとも
間違いを改めようとしない安楽椅子哲学（あるいは安楽椅子確率）
である。そして後者は間違いなく客観的なものではない。［最大
エントロピー原理からは導かれないが，実験をすればより正確な確率
がわかるようになる例である。最大エントロピー原理からすべての確
率が客観確率として定まるという主張には問題がありそうだというこ
と］。

6.4.2　原理は正しく適用されているか？

　統計力学的な反例に対する最大エントロピー原理の支持者から
の反論は，ワインと水のパラドクスに対するものと同じである。
つまり，原理は間違って適用されている。「まず対称性，次にエ

ントロピーの最大化！」なのである。間違った対称性は間違った確率を生む。ローゼンクランツが言うように，「マクスウェル - ボルツマン統計への誤った信頼は，間違った推論や間違った確率原理ではなく，単に小さな粒子が物理的に識別可能だという間違った仮定に由来している（これは，間違った情報を与えられたときには不正確な結果を導くという最大エントロピー原理に対する批判ではない）」（Rosenkrantz 1977: 60）。

　ジェインズはまた，この反例には通常語られる以上の意味があることを指摘している。つまり，マクスウェルは実際に運動学において驚くべき予測を行った。そして最大エントロピー原理は現実に機能したのだと（異なる問題に対してではあるが）：

　　しかし，分子の位置や速度に関するいかなる頻度データもなしに，ジェームズ・クラーク・マクスウェルが“等しく可能”な場合の認識からなる“純粋な思考”による確率分析を使ってこれらすべての量を正しく予測できたというのは，100年以上前に記録されたことである。粘度の場合，濃度への予測された依存性は最初，一般的な常識とは反する形で現れ，マクスウェルの分析に疑問を投げかけた。しかし，実験が実施されると，マクスウェルの予測は確かめられ，物理的運動論の最初の偉大な勝利を導いた。これは強固で，実証的な達成だった。この達成は単に彼の無差別の原理の使用を非難しているだけではできないものである。（Jaynes 1973: 7）

したがって，統計力学的反例に対する反論はこれまでと同じく，正しく適用されたとき原理は正しい答えを出し，間違って適用されればそうならないということである。

　これは，原理をいつ適用すべきかという決定に関する問題を生み出す。つまり，最大エントロピー原理がどのようなときに正し

く適用できるのかを決定するために，さらなる原理を見つけなければならない。言い換えると，我々は帰納に関する説明を必要としている。したがって，ローゼンクランツやジェインズは，最大エントロピー原理は帰納の理論ではないという立場をとっているようである。ゆえに我々は，依然として帰納の理論を必要としている。例えば連続的なケースの場合，我々はまず正しい事前分布を見つけなければならない。しかし，この理論は，どのようにこの事前分布を見つければよいかは教えてくれない。ただ正しい対称性によって決定すべきと教えるのみである。我々はまだ，「対称性を使うべきときには，対称性を使え」という格言を持ち続けているようである。しかしこれは既知のことである（この問題は5.2.1 項で取り上げた継起の規則へのヴェンの批判と関連している）。

　最大エントロピー原理の擁護と関連して，相対頻度やベイズ主義による確率説明もまた，正しい入力に対する依存性があることを指摘しておく必要がある（例えば1.2.6 項や3.8 節でも取り上げた。同じことは Rosenkrantz 1977: 60 でも指摘されている）。とは言うものの，最大エントロピー原理は非常に制限が強く，いずれにせよ皆が平坦な分布を採用することが要求される。相対頻度もベイズ主義的解釈もこれを必要とせず，そして間違っている可能性もある同じ信念の度合いを皆が採用することも要求しない。

　また，多くの問題が，膨大な数のありうる対称性を我々に提示する。そのため，そこから正しい対称性を見つけるのは困難な課題だということも指摘しておくべきだろう。例えば Marinoff 1994 は，ベルトランの問題に関するジェインズの解決法を批判している。彼の実験的証拠は，解決が実際には彼が考えていたような解決であったことを確かめたものではない，という主張である（さらに Marinoff 1994 には，ベルトランの問題と関係する考えられる諸問題, 対称性, 解決法に関する辛辣な記述もある）。また，6.2.1

項で紹介した相対エントロピーの場合では，平坦な分布として働く分布 $q(x)$ が必要となり，これが他の分布 $p(x)$ のダイバージェンスを測定するために使用され，そしてエントロピーの尺度を与えることも指摘しておく意味がある。しかし，このエントロピーは分布 $q(x)$ に対して真に相対的であり，参照分布の選択の客観性の程度でのみ "客観的" である。

物理学的な議論における対称性の位置づけは，哲学的興味の対象となってきた。経験的な証拠もなしに，対称性に関する論証を介せば正しい現実の構造を決定できるはずだという主張は，かなり奇妙に思えるからである。そして実際，これは事実とは異なるようである。かわりに，「我々は自然のなかに特定の対称性が存在することの経験的証拠を探しているのだ」と主張することは可能かもしれない（Kosso 2000 がこの論題に取り組んでいる）。しかしこの主張は，Strevens 2005b で明確に示された別の困難を浮き彫りにする。すなわち無差別の原理では，認識論的対称性と物理的対称性の要件の境が不明瞭なのである。前者が原理の適用における正しい領域のように思えるが，しかし物理的対称性があるからといって，認識論的対称性が支持されるわけではない。マクスウェルの予測の成功からこの原理を支持するジェインズの主張は，これら 2 つを混同している。自然には間違いなく対称性が存在し，科学はしばしばそれらに関心を持つ。しかしこれは，「正しい帰納的な方法が，すべての可能性に対する確率の対称的な分布であるべきこと」を必ずしも意味しているわけではない。

ひとつの例として付け加えておくと，ストレブンズもまた，栞のパラドクスをダークマター理論へ適用することにより効果的な指摘を行った。つまり我々は，新たな種類の粒子を仮定するような，互いに競合する総合計画の数を数え上げるべきなのだろうか？ それとも，それら総合計画が包含する諸理論の数を数え上

げるべきなのだろうか？　この2つの異なる数は異なる答えを与え，そして双方とも間違っているように思える。正しい総合計画や理論に対してどれだけ候補が存在するかに基づいて支援を振り分けるのは，単純に間違っているように見える［成果の出る確率が高い計画や理論に人員や研究費を割り振りたいが，その確率を求めるのに候補数（候補の列挙の仕方にも依存する）を利用するのは不自然に見えるということ］。

6.4.3　言語依存性とオントロジー的依存性

最大エントロピー原理によって与えられる確率は，我々が対称性をどうとらえるかに依存している。そしてこれらの対称性は言語に，より一般化すると概念的フレームワークに依存している。この最も明確でシンプルな例が，栞のパラドクスに対する最大エントロピー原理の脆弱性である。この原理によって規定される確率は，可能性をどのように分割するかによって変化する。そして対称性をどう決定するかに関する明快なルールは存在しない。例えば，「可能な限り細かく分割すればよい」と言う人がいるかもしれない。しかしこれは間違った答えを与える可能性がある。例えばフェルミ粒子に対称性を与える分割は，最も細かいものではない（ハウソンとアーバックが統計力学的反例を採用したのはこの文脈である）。

問題となるのは言語への依存性だけではない。その言語のオントロジーに対する依存性も同様に問題となる。統計力学的な反例が生じる理由は，"粒子"が古典力学と量子力学の両方で同じ用語のように見えるが，実際にはまったく違うものであるからである（一方の粒子は識別可能だが，一方ではそうではない）。同様の例は，古典力学から相対論的力学への移行でもみることができる。ここでは"質量"のオントロジーが大きな変化を起こす。最後

に，ハウソンとアーバックは，ベルトランのパラドクスを特殊相対性理論の視点から考えた。もし実験者と円の参照系（frame of reference）を考慮するならば，ジェインズの解法は同じものにはならない（Howson and Urbach 2006: 284，Marinoff 1994 も参照）。

　最大エントロピー原理は帰納的学習理論の基盤というわけではないため，オントロジーにおける変化はこの原理の適用に先立つ。これは，最大エントロピー原理の確率割り当ては特定の言語に依存し，そして特定の概念的フレームワークに依存していることを意味している。このような依存性を考えると，「最大エントロピー原理は我々を必ず正しい答えに導く」という主張には無理があるように思える。特に，この原理に基づいた確率解釈を"客観的ベイズ主義"と呼ぶことに対しては，強い違和感が残る。

6.4.4　最大エントロピー原理の適用範囲

　対称性の要求は，最大エントロピー原理の適用範囲が非常に狭いことを意味している。適切な対称性が存在せず，それでも（妥当と思える）確率を割り当てたい場合もあるだろう。例えば，来年リベリアとドイツが戦争するチャンスはきわめて小さい。もし使えるのが最大エントロピー原理だけならば，この問題は決定できないと思われる（もしくは対称性の適用を可能とする相当に複雑な仮説の構築が必要となり，さらにその仮説に対する支持／反対の証拠を集める必要がある）。したがって最大エントロピー原理は，ベイズ的推論の限定的なケースとしてとらえることができる。つまりは妥当な対称性が平坦な分布を実際に決定し，平坦な確率分布によって信念の度合いが反映されている状況である。しかしこれは，最大エントロピー原理の選択はベイズ主義的な選択であることを意味する。それでもこのような考え方は，最大エントロピー原理の一部支持者自身によってしばしば提示される正当化のよう

である。当然，この結論は原理の他の支持者による抵抗にあってきた。次節では，最大エントロピー原理の正当化の別の手段をみていく。

6.5 論理的制約としての 最大エントロピー原理の正当化

帰納的方法論としての最大エントロピー原理の正当化における問題点の一部は，我々がこの原理にアプローチする際にとってきた実用性重視のやり方にある。これまでのところ，我々は直観へと訴えるだけで，最大エントロピー原理の正当化に関する論証は議論していない。これはその場しのぎの感がある。なぜ $1/(p(A))$ であり，他の関数ではないのか？　もちろん 1 つの答えは，行っているのはその場しのぎの処理ではなく，妥当な事後処理なのだというものである。見てきたように，この定義は旧来的な無差別の原理の制限を克服するように見える多くの望ましい特性を持つ。しかしこれら特性だけでは，帰納の論理を与えてはくれない。それでも，最大エントロピー原理の採用に関する強力かつア・プリオリな理由が存在すると示すことができれば，ここまでに取り上げてきた批判に答えるいくらかの助けにはなるだろう。

ここで，「エントロピーがある基準を満たす唯一の関数であることを確立し，その結果として最大エントロピー原理のア・プリオリな正当化を提供する」と主張する数学的結果がある。

6.5.1　無矛盾性を課した結果としての最大エントロピー

「エントロピーはある基準を満たす唯一の関数である」という最初の証明は，シャノンによって提示された（Shannon 1948: 10-12）。先に述べたように，シャノンの目的は信号伝達およびコミュ

244

ニケーションに関する理論の確立に限定されていたため，このアイデアと帰納的論理が結びつけられたのはジェインズの仕事になる（Jaynes 1957a）。

連続的な場合における関連する正当化は，Shore and Johnson 1980 によって提示された。また，明示的に（数理的および哲学的な）論理学に訴えたパリスらによる多くの最近の論文もある（Paris 1994, Paris and Vencovská 2001）。この分野の古典となった Uffink 1996 では，シャノン，ジェインズ，ショアとジョンソンの仕事も含めた多くの論証が批判的に議論されている。Howson and Urbach 2006: 286-7 には，Paris and Vencovská 2001 の簡潔な議論がある。他の議論は本書の守備範囲を大きく超えるため，ここではシャノンとジェインズの正当化だけを取り上げる。ただしここで我々が行う指摘は，他の正当化にも同様に適用できるだろう。

1948 年の論文の第 6 節でシャノンは，エントロピー関数がある 3 つの要求を満たす唯一の関数であるという理論（の概要）を提示した。これは一部の人には強力なものに見えた。換言すると，彼は以下のような確率の唯一の関数 H が存在することを示した：

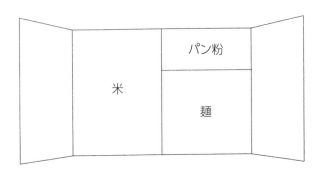

図 6-4 炭水化物系の食材が入っているプロコプの戸棚

1 H は，その上に定義しようとする確率に対して連続的である（確率の小さな変化は H の小さな変化を意味する）。

2 確率が同じとき，H は選択肢の数に対して単調増加の関数である（確率変数の値の数がより多いときに H はより大きい。そのため，関連する確率関数／確率変数の値の数がより多いときに H はより大きい）。

3 一連の確率変数と関連する量 H は，一連の確率変数の部分列を重みづけて合成したものとして表すことができる：

$$H(p(A_1),..., p(A_n)) = H(p(A_1)+...+p(A_m), p(A_{m+1})+...+p(A_n))$$

$$+(p(A_1)+...+p(A_m))H\left(\frac{p(A_1)}{\sum\limits_{i=1}^{m} p(A_i)},...,\frac{p(A_m)}{\sum\limits_{i=1}^{m} p(A_i)}\right)$$

$$+(p(A_{m+1})+...+p(A_n))H\left(\frac{p(A_{m+1})}{\sum\limits_{i=m+1}^{n} p(A_i)},...,\frac{p(A_n)}{\sum\limits_{i=m+1}^{n} p(A_i)}\right)$$

　最後の公理を例示するために，プロコプのキッチンを覗いてみよう。プロコプはある戸棚に，夕食のメニューを決める基本的な食材をしまっていた（図6-4）。今はそれほどの種類は入っていない。3つの区画があり，米，麺，パン粉が置かれている。集められる材料を考えると，彼が作ることができるのは，フィッシュヘッド・カレー（米），東南アジア風焼きそばのミーゴレン（麺），ヤルダが好きな魚のフライ（パン粉）である。

　しかし，料理をどうやって選ぼうか？　プロコプは人生に一定のランダムさを求めている。目隠ししたヤルダにやってもらおう。メニューの選択は，ヤルダが適当に引っ張り出したものによって決定される（ヤルダは彼のキッチンにそれほど入ったことがない）。

いくぶんの（実際にはかなりの）理想化のために，ヤルダが戸棚から特定の食物を取り出すチャンスは，全体に占めるその食べ物の区画の容積の割合のみに基づくと想定する。図6-4の通り，米は全体の1/2，麺は1/3，パン粉は6/1を占めている（第一の状況）。

ここで，プロコプはヤルダを戸棚の前へ連れていき，その扉を開け忘れていたと仮定する（第二の状況）。もしヤルダが左の扉を開いたら，料理はフィッシュヘッド・カレーになるだろう。右側の扉を開いたら，2/3のチャンスでミーゴレンであり，1/3で魚のフライである。ヤルダは両手利きで，左右どちらの扉が選ばれるかは1/2である。

グループ分けの公理（grouping axiom）は，これら2つの状況を関連づける。最終的な確率は同じであり，2番目は1番目の状況を単純に違う書き方をしただけである。そして最初の段階（左か右の扉を開く）では，エントロピー $H(1/2, 1/2)$ がある。次の段階では $H(2/3, 1/3)$ である。しかしこれは1/2の場合のみで起こるので，1/2で重みづけして下記のようになる：

$$H(1/2, 1/3, 1/6) = H(1/2, 1/2) + 1/2H(2/3, 1/3)$$

エントロピーの観点からは，この式は第二の状況（扉が閉まっている）が，扉が開いている第一の状況と同じであると言っている。より一般化すると，もし結果が同じ確率なら，選択の順番は関係がない。

ここでの主張は，確率の（客観的）解釈の基盤となるに必要な不確実性の概念を，これらの性質（公理）は無矛盾性という概念のみから捉えているというものである。しかし公理の検証は，少なくとも単純な形ではこれが事実ではないことを示している。例えば，第一の公理は"良いもの"である。いくぶん問題はあるが，

これは通常「エントロピーにおける小さな変動を導く確率の小さな変動」として説明される。2番目の公理は，「同様に見込みのある選択肢の数が大きくなると，不確実性は増加する」ことを表現している。3番目の公理は，「確率がどのように与えられるか（まとめてか，個別でか）とエントロピーは独立である」こととして解釈できる。したがって，これはある種の対称的な状況である。そのため，これら3つの公理が最大エントロピー原理を与えるのはおそらく驚くべきことではない。

6.5.2　無矛盾性を課した結果としての最大エントロピー原理の問題点

Uffink 1996: 231-3 が指摘したように，これら公理は無矛盾性についてのものではないようである。例えば矛盾についての言及はなく，あるいは3.4.3で紹介したハウソンの解釈のようなモデルの拡張性についての言及もない。そのような解釈ができないと言っているわけではないが，これまでのところ提出されていない。もし公理を慣習どおりにとらえるなら，それら公理は強力なものであるはずで，情報の直観的性質を疑いなくとらえているはずである。しかし，そうではないと考える理由がある。

例えば Seidenfeld 1979: 421-3 は，データの順番が不確実性に影響しないという要求がどのように条件付けを破るかの例を提示した。最大エントロピー原理の支持者は，問題があるのは条件付けのほうだと反論するかもしれない。しかし，この困難はかなり一般的である。条件付きエントロピーの関係（B が起きたときに A が持つエントロピー）は，以下のように定義できる：

$$H(A|B) = - \sum_n p(A_n) \sum_m p(A_n|B_m) \log p(A_n|B_m)$$

そして $H(A|B) \leq H(A)$ であることが証明できる（Ash 1965: 239 参照）。これはつまり，新たな情報の学習が，エントロピー／不確実性を決して増加させないことを意味している。このことは単純に考えるなら一見妥当と思える。もし B の情報が A と関係ないのなら，その付加は全体の不確実性を減少させない。一方で，もし B の学習が関係のある何か新たなことの学習であるなら，A と関連する不確実性の量を減少させるはずである。しかしもう少し考えてみると，それは学習の内容に非常に強く依存していることがわかる。学習されると全体の不確実性を増加させる数多くのデータがある。特に，我々がそれまでまったく間違っていたことを示す場合には。Uffink 1996: 234 および 1990: 73-3 からの例を挙げる。私は鍵のある場所について強い確信を持っている。ところが私は思っていたポケットの中に鍵がないことを学習し，心臓が止まりそうになった。この場合，鍵の場所について私が持つ全体的な不確実性は劇的に増加する（もしこれが旅先なら不確実性の増加量はさらに大きくなるだろう）。Uffink 1990, section 1.6.2-1.6.3 もまた，第3の公理を問題にして鋭い分析と批判を行っている。

　Uffink 1996: 234 は，ジェインズはそのような反例を考慮していたと記している。ジェインズ自身，パラドクスとみなしたものを明示している。つまり，物理的プロセスの数学的近似はエントロピーをほとんど持たず，そのためジェインズにとっては正確な説明よりもより多くの情報を持つことになる。彼は続ける：

　　このパラドクスは，"情報"がエントロピーの表出を記述する言葉として不適切な選択であることを示している。さらに言えば，新たな情報の獲得（以前はありそうもないと考えられていた事象が実際に起こったこと）がエントロピーの増大を引き起こす状況を容易に作ることができる。"不確実性"または"見かけの不確実性"とい

う用語のほうがより正しい含意を持っている。(Jaynes 1957b: 186)

ユフィンクは，これは「非常に失望させるもの」だと反応した。
最大エントロピー原理はいまや "見かけの不確実性" の測度へと
追いやられたからである。この測度に "客観的" といった言葉を
背負わせることは難しいと思え，まして無矛盾性という制約なら
なおさらである。

　この情報の測度，特にグループ分けの公理が，量子論的場面で
適切に働くのかという疑問もある。Brukner and Zeilinger 2001
は働かないと主張した。逆に Timpson 2003，Mana 2004，Hall
2000 は，適切に解釈するならば働くと主張した。これはまさに
論争の発生が予想された場所である。量子論的状況でデータの集
まりをどう受け取るかに関しては，不変性が期待できないからで
ある。

　また，この情報という概念が，本当に我々が通常使っている意
味でのそれなのかという重大な議論もある。シャノンの仕事を読
むと，彼がこの言葉を効率的な符号化の尺度としてのみ使ってい
たことは明らかである。シャノンはこの言葉をより広い範囲に適
用することを慎重に避けたが，後の追随者たちはそれほど用心深
くはなかった。Hayles 1999 は，哲学やその他の分野におけるエ
ントロピーおよび情報という概念の使用と濫用に関する議論のい
い出発点となる。

6.5 結　論

　ここまでみてきたように，論理的解釈は生きている。むしろ，
その注目度は増してきているように思える。本章の冒頭でも取り

上げたが，これには十分理由がある。この方法論はエレガント
であり，無差別の原理に明確な定式化を与えてくれる。しかしそ
れでも，古いバージョンと同じ問題を抱えている。言語への依存
性がある。そして連続的な場合への適用には大きな問題が発生す
る。これら2つの困難は，最大エントロピー原理が帰納的推論
の客観的説明を与えてくれないことを示すに十分なものである。
ジェインズは，この原理がどのような場合に連続的なケースへパ
ラドクスを起こさず適用できるのかという解明に関し，大きな貢
献を行った。特に，必要な対称性を事前に特定することへのアド
バイスは重要な警告である。そして我々はまだ正しい対称性を選
ぶ手段を見つけておらず，帰納的推論の客観的理論に関しては進
捗していない。さらにいうと，最大エントロピー原理はベイズ主
義的な分析手段の1つとみなすことが適切と思える。基礎となる
方法論ではなく，主観主義者の使うより大きな方法論の一部とし
て。しかし，まったく別の結論があることも付け加えておく（こ
れに関しては Williamson 2010 を参照のこと）。

補　遺

この補遺は関連事項の寄せ集めである。基本的な数学事項と，このような本ではどこかで取り上げるべきだと思ったが本文の流れに合わなかった論題を収録している。必ず読んでおかなければならない内容というわけではないが，少なくともいくらかの気分転換や知識になればと思う。この補遺は，確率の基礎の勉強を続けるうちに知りたくなってくるであろう事項をまとめたものである。したがって，未知の分野への導入というよりも，指針を示すものと考えてほしい。

A.0 基本的事項

A.0.1 百分率（パーセンテージ）

百分率（％）とは，全体を 100 に分けたうちのいくつに相当するかを表す数である。1％は全体の 1/100 である。10％は 10/100，つまり 1/10 である。もちろん 100％は全体に相当する。例えば，「200 人のうち 10％がひどいファッションだ」といえば，これは 100 人に 10 人の割合でひどいファッションだということに等しい。つまり 200 人では 20 人の服装がだめだということになる。総数の x％に相当する数を求めるには，総数に x を掛けて 100 で割ればよい。

A.0.2 数の種類

数にはさまざまな種類がある。おそらく最もよく知られているのは正の整数だろう。これは自然数とも呼ばれ，1，2，3……と続く。有理数は，1/2，22/7，5/15 のように整数の比として表すことができる数である。無理数は有理数でない数であり，整数の比として表すことができない。πや $\sqrt{2}$ は無理数である。有理

数と無理数を合わせたものが実数である。超越数，代数的数，奇数，偶数，負数，複素数など，そのほかにも数の種類は多い。

A.0.3　集合の大きさ：可算集合と非可算集合

　昔から学生を驚かせてきたことだが，無限大の大きさ（size）にはいくつかの種類がある。整数と有理数（整数を整数で割って得られる数）の集合は同じ大きさであり，実数の集合の大きさよりも真に小さい。このことはカントールによって最初に示された。2つの集合が同じ大きさであるのは，それぞれの各要素を互いに異なるペアに組み合わせできるときである。つまり，ある集合の各要素を，別の集合の要素と一対一で対応させることができるときをいう。ある集合の各要素を自然数と対応させることができるとき，その集合は可算（countable）であるという。そうでないとき，その集合は非可算（uncountable）であるという。

A.0.4　関数，極限

　関数とは，引数（argument）と呼ばれる何らかのオブジェクトを受け取って，別のオブジェクトを返すか，あるいは何も返さない仕組みである。伝統的なやり方に従ってこのように説明してみたが，もちろん，「受け取る」とか「返す」という言葉が何を意味しているかがわからなければ，この説明は意味をなさないだろう。食料品店の主人があなたからお金を受け取って，あなたにリンゴを渡すか，お金を握ったままヒステリックに笑いながら走り去る。この食料品店の主人は関数と言えるだろうか？　食料品店の主人は関数とは言えないかもしれないが，あなたのお金とリンゴとの間，あるいは場合によってはリンゴなしとの間の関係として，状況を抽象的に記述することは可能である。したがって関数とは，オブジェクトの定義域と値域とを関連づけるものと考えた

ほうがいいだろう。ここで値域の高々1つのオブジェクトが，定義域の1つの要素と関連づけられる（もしくは，関数をオブジェクトのペアの集合と考えても良い）。ここで重要なのは，複数のオブジェクトが定義域の1つの要素に関連づけられることは決してないということである。

$\lim_{x \to \infty} f(x) = c$ という表記は，x が任意に大きくなるにつれて，$f(x)$ が c に近づくことを意味している。ある時点以降では，$f(x)$ は c の近くに留まる。つまり，すべての実数 $\varepsilon > 0$ に対し，ある自然数 $N > 0$ が存在して，$x > N$ ならば $|f(x) - c| < \varepsilon$ を満たす。

A.0.5 対　数

$\log_a x$ は，a をべき乗して x を得るために必要な数である。つまり，

$x = a^y$ のときに限り，$\log_a x = y$ である。

a は対数の底と呼ばれる。対数の底が e の場合は**自然対数**と呼ばれ，ln と表記されることがある。e は興味深い数だが（Maor 1994 はその歴史と用途を取り上げている），われわれの目的では指数関数的な量を扱うときによくお目にかかる（$e = \lim_{n \to \infty}(1 + 1/n)^n$ が成り立つ）。6.3節では自然対数を使用したが，それ以外のほとんどの場合，対数の底として2を使ってきた。ビットを表現するのに便利だからである。対数の底としてよく使われるもう1つの数は10で，この場合は**常用対数**と呼ばれる。

対数を使った計算は少し慣れれば難しくない。対数の理解には次の3つの式が重要である。

$\log_a xy = \log_a x + \log_a y$

$\log_a (x/y) = \log_a x - \log_a y$

$\log_a x^n = n \log_a x$

次の関係も知っておくべきである。

$$\log_a a = 1$$
$$\log_a 1 = 0$$

通常，$0 \log 0 = 0$ とされる。

A.1 公 理

確率計算の公理（axiom）は，ヴェン図を使うと割合としてうまく視覚化できる（ことが多い）。

測定している空間全体に対して集合 A が占める割合 $p(A)$ を考えてみよう。確率論における慣例に従って，全空間を Ω と呼ぶ。そして全空間 Ω の大きさを 1 とする。すなわち，

(1) $p(\Omega) = 1$

任意の集合が占める空間の割合は当然，常に正でなければならないので，任意の部分集合 A について，

(2) $p(A) \geqq 0$

ここで，重複がない 2 つの異なる集合 A と B があるとする。2 つの集合が占める空間の合計は，それぞれが占める空間を足し合わせて，

(3) $A \cap B = \varnothing$ であるとき，$p(A \cup B) = p(A) + p(B)$

これを示したヴェン図は次のようになる。

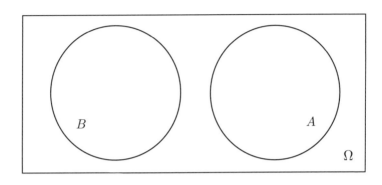

次のヴェン図のように2つの集合に重複がある場合どうなるか
は，読者の課題として残しておこう。

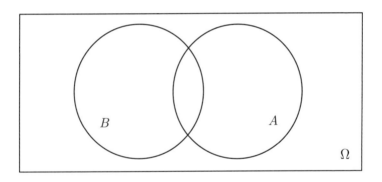

　Aの補集合（complement），すなわちΩ − A の確率が 1 −
p(A) となることも，ヴェン図を使って視覚化できる。
　ただし，確率についてのすべての言明が容易に視覚化できるわ
けではないので，ヴェン図ばかりに頼りすぎるのは避けなければ
ならない。

A.1.1 条件付き確率,独立性

確率論で特に重要な概念があと2つある。条件付き確率と独立性である。

2つの事象 A と B があるとする。事象 A でもある事象 B の割合または確率は,「事象 B が起こったときの事象 A の**条件付き確率**」と呼ばれる。事象 B の10%が事象 A の場合,事象 B が起こったときの事象 A の条件付き確率は0.1である。このことを理解するもう1つの方法は,まず事象 B だけに注目し,そのうちどれだけが事象 A であるかを確認することである。言い換えれば,事象 A のどれだけが事象 B であるかを調べる。この確率は $p(A|B)$ と表記され,$p(B) \neq 0$ であれば $p(A \cap B)/p(B)$ に等しい。

特に重要なもう1つの概念が独立性である。2つの事象が同時に起こる場合の確率が個別に起こる場合の確率と等しい場合,2つの事象は互いに独立(independent)であるという。すなわち,

$$p(A \cap B) = p(A)p(B)$$

別の表現として,事象 B が起こったときの事象 A の条件付き確率が事象 A の確率に等しい場合,2つの事象は独立であると言える。すなわち,

$$p(A|B) = p(A)$$

これは,事象 B の生起の有無が,事象 A の確率に影響を及ぼさないことを示している。

A.2 測度,確率測度

確率論は測度論の一領域である(測度論は解析学の一領域であ

る)。ひねりのない名前で呼ばれているが，測度論は文字通り何らかの量を測ることの理論的な研究である。長さ，幅，奥行き，深さ，面積などはすべておなじみの測度である。測度とは基本的に，どれだけの数のものが別のものの中に収まるかを表現していると考えられる。この足の大きさはどれくらいだろうか？ 28センチの棒をその長さの中に収めることができれば，その足の大きさは少なくとも 28 センチである。このビールの値段のうち，どれくらいが税金だろうか？ ビールのコストを何らかの基準単位へと分割し，そのうちどれだけが税金に相当するかを調べる。つまり測度は分数とみなすことができる。例えば，1 メートルは北極（または南極）から赤道までの距離の 1/10,000,000 である。したがって，1 メートルは別の長さに対する割合である。

　数学的には，測度とは集合上の関数である。空集合の測度を 0 とし（存在しないもののサイズは 0），互いに素な集合について足し合わせることができる（足 1 つの大きさが 30 センチならば，足2 つの合計は 60 センチとなる）。確率はパーセンテージと同様に，正規化された測度である。つまり，その範囲は長さのように 0 〜 ∞ ではなく，値域の両端が有限である（この場合は 0 と 1）。

A.2.1　体

　具体的にどのような集合に対して確率を定義すべきかについては，これまであまり述べてこなかった。当然であるが，われわれは集合のすべての組み合わせについて議論したいと考える。集合 A, B, C, D ……があれば，$A - C, B \cap D, (A \cap B) \cup D^c \cap$ ……といった，考えられるすべての組み合わせについて議論したいのである。そのための最もよい方法は，Ω のすべての部分集合について確率を定義することである。しかし，後述する無限の組み合わせを扱うときには，これは不可能であることがわかっている。このこと

は，測定できない非可測集合が存在することを意味している。この点についてここでこれ以上議論する必要はない。ただ興味深いことなので触れてみただけである。

　とはいえ，可能な限り多くの集合について確率を定義したい。そのためには専門用語がいくつか必要である。ただし読者には，この補遺に出てくる専門用語が，さしあたっては深い意味を持たない抽象的なラベルでしかないことには注意してほしい。まず，一般には標本空間（sample space）と呼ばれる基本集合 Ω から始める（注意：Ω はあくまで集合であり，"サンプリング（標本化）"とは関係している場合もあれば，関係していない場合もある）。Ω の要素は根元事象（elementary event）と呼ばれる。Ω の部分集合が事象（event）である（哲学的に考える必要はなく，根元事象は集合内の各要素であり，その集まりが事象ということになる）。

　ある確率をとる Ω の部分集合の集まりは体（field）あるいは集合体（field of sets）と呼ばれ，F で表される。体は以下のように定義される。第一に，何らかの事象 A が F の要素であるとき，その補集合（A^c，場合によっては $\neg A$ と表記される）も F に含まれる。第二に，2 つの事象 A と B が F に含まれるとき，それらの和集合，すなわちいずれか一方もしくは両方の事象も F に含まれる。最後に，全体集合 Ω（確実な事象，つまり何らかの事象が起こる場合）と空集合（不可能な事象，つまり何の事象も起こらない場合）について言及したいが，これらもまた F に含まれる。このようになっている Ω の部分集合の集まりはすべて体である。

　そして，（なんらかの集合の）集合体の上に確率が定義される。確率関数は，集合 Ω および Ω の集合体と合わせて確率空間（probability space）と呼ばれる。体のより形式的な説明は A2.2 に示した。

　確率計算の特徴づけは，ロシアの偉大な数学者アンドレイ・ニ

コラエヴィッチ・コルモゴロフ（Andrei Nikolaevich Kolmogorov）
によって（ほぼ最終的な形まで）成し遂げられた。確率は長年に
わたって研究されてきたが，数学者を完全に満足させるような理
論体系を確率計算に与えたのはコルモゴロフである。コルモゴロ
フの理論は明解かつエレガントで柔軟性があり，確率計算のさま
ざまな解釈の議論を明確化するのに役立った。

さて，ここでもう少し手強い，それでもリラックスして臨めば
非常に単純な数学に話を移そう。集合関数（set function）は集合
を実数へ対応させる。つまり集合を実数に変換する関数である。
われわれが興味を向けるのは，ある種の集合の集まり，すなわち
体である。

A.2.2 体，σ-集合体

より形式的に言えば，Ω の部分集合の体 F とは，空集合と Ω
を含み，Ω の任意の2つの部分集合 A と B が F に含まれるとき，
それらの共通集合と和集合，そして補集合も F に含まれるよう
な部分集合の集まりである。これは，F の任意の有限個の部分集
合について，それらの共通集合は F に含まれることを意味して
いる。これを無限集合に拡張して，任意の可算の集合群について
それらの共通集合は F に含まれるようなものを，σ-集合体と呼ぶ。
より厳密に表すならば，F を Ω の部分集合の集まりとして，

(i) $\Omega \in F$, $\varnothing \in F$

(ii) $A_i \in F$ $(i = 1,...,n)$ のとき，$\bigcup_{i=1}^{n} A_i \in F$

(iii) $A \in F$ のとき，$A^c \in F$

を満たすとき，F は体（代数とも呼ばれる）である。

無限の和集合を許すならば，(ii) は次のように書き換えるこ
とができる。

(ii′) $A_i \in F\,(i = 1, 2, \ldots)$ のとき，$\bigcup_{i=1}^{\infty} A_i \in F$

このとき F は σ- 集合体（σ- 代数）である（最小の σ- 体は Ω と ∅ のみから構成される。これはすぐに証明できるだろう）。

　体により，事象や，事象の集まりを記述することができる。2 枚のコインを投げる事象を考えよう。考えられるすべての結果の組み合わせは，表表，表裏，裏表，裏裏である。これらの基本事象（basic event）を組み合わせて，複合事象（compound event）を作ることができる。例えば，表表 ∪ 表裏 ∪ 裏表という複合事象は，表が少なくとも 1 回出る事象であり，表裏 ∪ 裏表は表がちょうど 1 回だけ出る事象である。また，結果全体に対する表表 ∪ 表裏 ∪ 裏表の（集合論的な）補集合は，裏裏である。これはすなわち表が 1 回も出ない事象である。

A.2.3　測　度

　体に含まれる集合への測度の割り当てを考えてみよう。明らかな制限が 2 つある。第一に，何もないことの測度は何もない，つまり 0 である。第二に，測度は加法的でなければならない。すなわち，重複がない 2 つの集合の測度は足し合わせることができる。形式的に表すと，

$\mu(\emptyset) = 0$

$A,\ B \in F$ かつ $A \cap B = \emptyset$ のとき，$\mu(A \cup B) = \mu(A) + \mu(B)$

A.2.3.1　測度 0

　直線に対する点の大きさを考えてみよう。点は無限に小さいので測度 0 である。平面上の直線を考えてみよう。直線は幅を持たないので，平面に対して測度 0 である。同様に，可算集合は連続

体に対して無限に小さく，測度 0 の集合である。測度論は抽象的で，多くの集合が測度 0 を持ちうる。それは賭けかもしれないし，属性の列かもしれない。

A.2.4 確率測度

確率測度は，標本空間 Ω によって生成される（σ-）集合体から，$0 \sim 1$ の区間への測度である。以下では，体の要素を A, B, $A_1, ..., A_n$ とする。

(1) すべての $A \in \Omega$ について，$p(A) \geqq 0$

測度は 0 または正だからである。

(2) $p(\Omega) = 1$

確率測度が 1 を超えることはないからである。

(3) $A \cap B = \varnothing$ であるとき，$p(A \cup B) = p(A) + p(B)$

当然，測度は加法的である。

一般に $A_i \cap A_j = \varnothing$ であるとき，

(3a) $p\left(\bigcup_{i=1}^{n} A_i\right) = \sum_{i=1}^{n} p(A_i)$

(3a) は有限加法性と呼ばれる性質である。教科書では通常，より強い可算加法性の性質を仮定している。

(3b) $p\left(\bigcup_{i=1}^{\infty} A_i\right) = \sum_{i=1}^{\infty} p(A_i)$

$\langle \Omega, F, p \rangle$ の三つ組は確率空間（probability space）として知られている。

次が公理として追加されることもある。

(4) $p(B) \neq 0$ のとき，$p(A|B) = \dfrac{p(A \cap B)}{p(B)}$

しかしながら，これは定義と考えることもできる（そうではないとする見解もある：Hájek 2003 参照）。

A.2.4.1　可算加法性の哲学的状況

可算加法性が自明と考えられることはほとんどない。たいていは便宜上，そのように仮定されているだけのようである。可算加法性を連続性の条件としてみなすと，その利便性を理解することができる。σ-体の要素の連鎖，$A_1 \supset A_2 \supset \dots \supset A_n\dots$ を考えてみよう。A をこの列の中で最小の集合，すなわち $\bigcap_n A_n$ とする。自然な連続性の条件は，

$$\bigcap_n A_n = \varnothing \text{ であるとき，} p(A_n) = 0$$

となる。しかし，連鎖が無限であれば有限確率の公理からこれを導くことはできないので，追加の要件が必要である。

$$\lim_{n \to \infty} A_n = \varnothing \text{ であるとき，} \lim_{n \to \infty} p(A_n) = 0$$

（例えば Billingsley 1995: 25 参照）。コルモゴロフはこれを，実際の物理学的過程を理想化する際の便宜上の措置として扱っている（Kolmogorov 1933: 15）。可算加法性を連続性の条件とみなすとき，その数学的利便性は明らかである。しかし一方で，哲学的な荷物を背負い込むことにもなる。

相対頻度解釈にとって，可算加法性の仮定は，1.3.1 項で述べたタイプの問題を生じさせる。相対頻度は一般的に可算加法性を持たないからである。これに関する標準的な議論（ファン・フ

ラーセンはバーコフの業績とした）は，Giere 1976，van Fraassen
1980，Gillies 2000，Howson and Urbach 2006（以前の版も同様），
Howson 2008 にみることができる。基本的な考え方は単純であ
る。可算個の基本事象を含む標本空間を仮定する。そこでは各事
象が1回だけ起こるものとする。すると各事象の極限相対頻度は
0である。しかし，事象の和集合の確率は1でなければならない。
0の可算合計は0であり，1ではないので，相対頻度には可算加
法性がない（ギリースは固有の通し番号が割り振られるエンジンを，
ファン・フラーセンは特定の日の発生を例にとっている）。

　一般的な見解に反してハンフリーズは，この異議は1.3.3項と
1.3.4項で述べたフォン・ミーゼス的な解釈にもコルモゴロフ的
な解釈にも適用されないことを指摘している（Humphreys 1982:
141）。しかし，強い制限を伴う経験主義的な観点からは，可算加
法性は問題を引き起こす。コルモゴロフは次のように述べてい
る：「新しい公理（可算加法性）は確率の無限体のみに不可欠なの
であって，その経験的な意味を明確にすることはほとんど不可能
だ……。というのも，観測可能なランダムな過程を記述する際に
は，確率の有限体しか得られないからである。確率の無限体は，
実際のランダムな過程の理想化されたモデルとしてのみ生じる」
（Kolmogorov 1933: 15）。通常，フォン・ミーゼスはこの見解に同
意し，可算加法性に関する自身の解釈に制限を加えたと考えられ
ている。ピーター・ミルンとの共同研究を通じて，私自身はこの
説明が事実ではないと確信しているが，ここでその議論をする必
要はないだろう。この確率解釈が頭から拒否される理由として，
可算加法性の欠如がしばしば指摘されることを知っておけば十分
である。

　デ・フィネッティは，可算加法性を確率の主観的解釈にとっ
て厄介なものであると考えた（De Finetti 1974: 120，De Finetti

1972, chapter 5）。例としてよく出されるのが無限のフェアな宝くじである。無限の抽選券があり，それぞれに自然数が振られていて，抽選に当たるチャンスはすべて等しい。普通に考えれば，それぞれのくじに当たるチャンスがあり，抽選はフェアであるのだから，それぞれのくじが当選する確率は非常に低い何らかの値をとるものと考えられる。ところが，これは可算加法性に反している。第1の公理から，いずれかのくじが当たる確率は1である。しかし，可算加法性を考えれば，正の確率を無限に足し合わせるので，確率は無限大となる。これは矛盾である。Hájek 2003 ではこの問題がうまく議論されている。有限加法性に対する最近の弁護は Howson 2008 にみることができる。

A.2.5　いくつかの有用な定理

$$p(A \cup A^c) = p(A) + p(A^c) = 1$$
$$p(A) = 1 - p(A^c)$$
$$p(B) \neq 0 \text{ のとき，} \quad p(A|B) = \frac{p(B|A)p(A)}{p(B)}$$

最後の式はベイズの定理と呼ばれる。分母は通常，全確率の定理を用いて計算される。

$$p(A) = p(A|B)p(B) + p(A|B^c)p(B^c)$$

あるいは，より一般的には，

$$p(A) = \sum_i p(A|B_i)p(B_i)$$

ここで B_i は Ω の分割である。すなわち，その和集合は Ω，共通集合は空集合 $\varnothing$ となる。

A.3　確率変数

　確率変数（random variable）は関数であり，定義域として標本空間を，値域として実数を持つ（不適切な名称が付いているが誤解しないよう注意。確率変数は変数ではない。関数である！）。ラベルではなく数字を扱えるため，元となる標本空間より確率変数を使ったほうが便利になる場合が多い。

　確率変数の有用性は，最も単純で非自明な例であるベルヌーイの確率変数で見ることができる。この変数は 0 と 1 の 2 つだけの値をとる。そしてこの変数を，コイン投げ試行（標本空間は $\{$ 表,裏 $\}$）の結果を表すのに使うことができる。

$$X = \begin{cases} 0 & （裏のとき） \\ 1 & （表のとき） \end{cases}$$

この場合，表が出る確率は $p(X = 1)$，$1 - p(X = 0)$ であり，これは容易に証明できる。正確を期すなら，$X($ 表 $) = 1$，$X($ 裏 $) = 0$ と書くべきだろう。しかし，本書はそれほどの厳密さを必要としない慣例に従っている。標本空間への参照は省略し，$X = 1$，$X = 0$ 等とのみ表記する。それでも，X が標本空間からの関数（つまり試行のありうる結果から数値への関数）である点を覚えておくことは重要である。

A.3.1　確率変数の和

　確率変数は自然な方法で足し合わせできる。一連のコイン投げがあると仮定する。ここで，関数 X_n が定義できる。この関数は，n 回目のコイン投げが裏なら 0 の値をとり，表なら 1 の値をとる。

このとき $X_1 + X_2 + X_3$ は，最初の 3 回のコイン投げを足したものである。もしすべてが表だったら 3 となるし，すべてが裏だったら 0，表が 2 回出ていれば 2，といった具合である。より一般化すると，最初の n 回の確率変数の合計は，

$$\sum_{i=1}^{n} X_i$$

この式は明らかに，n 個の確率変数の値の合計を示している。したがってこれは，n 回の試行の成功の結果の数を教えてくれる。場合によっては確率変数の合計を S_n と表記すると便利である。

　確率変数によって，多くの概念を単純な形で表現することが可能になる。例えば，n 回のコイン投げにおける表の相対頻度は，確率変数の合計 S_n を n で割ったものである。つまり表の極限相対頻度は，

$$\lim_{n \to \infty} \frac{S_n}{n}$$

　もう少し複雑な例として，サイコロ振りを取り上げよう。この場合，確率変数 A は 6 つの結果を持つ。確率変数の分布関数（distribution function）は，

$$p(A \leq x)$$

例えば，サイコロ振りの 6 つの結果が等しく確からしいと仮定する。そのとき，$p(A \leq 4) = 4/6 = 2/3$ である。確率質量関数（probability mass function）は，

$$f(x) = p(A = x)$$

分布関数と質量関数は相互定義可能であるが，ここでは相互定義の説明までは踏み込まない。

A.3.2　期待値

　もしあるクラスの生徒の平均点を知りたいと思ったら，成績を
足し合わせ，それを生徒数で割る。この情報からは，例えば先生
が採点の甘い人かどうかといった，さらなる解明が可能になる。
確率分布の平均も計算でき，これにより最も起こりそうな結果が
わかる。

　確率変数の平均は，期待値と呼ばれる（この名前の由来は明ら
かである——確率が集中するところを教えてくれる。しかし，期待値
は他にも多くの意味を持つため，誤解を招くものでもある）。期待値
は次のように定義される。

$$E(X) = \sum_{f(x)>0} x f(x)$$

ここで $f(x)$ は，値 x をとる確率変数 X の確率質量関数である。
簡便化のために，この平均を μ と呼ぶ。

A.3.3　連続的な確率変数

　ここまでは離散的な確率変数のみを扱ってきた。つまり高々可
算個の値を取る変数である。連続的な確率変数は，連続値を取る。
連続的な場合では，確率密度関数（probability density function）
を使用することになる。つまり，$\int_a^b f(x)dx$ という式が，x が区間
$[a, b]$ に入る確率を与えるような関数 f のことである。期待値
は $\int_{-\infty}^{\infty} x f(x)dx$ となる。

A.4　組み合わせ論

　プロコプは，彼が醸造したピルスナースタイルのラガービール
の試飲会を開催することにした。ちなみにビールは複数種類ある

（チェコのピルゼンで20年前に行われていたような醸造方法で作った，本場のピルスナースタイルである）。もし彼が出し惜しみして3種類のビールのみを提供するなら，試飲するビールに関して何種類のオーダーの順序が発生しうるだろうか？　選べるビールの名前はピルゼン・アンバー，ホームシック・ピルスナー・ブリュー，ピルゼン・キャデラックであり，ここでは順に A，B，C とおく。これくらいなら総当たりで答えを出すことができる。ABC，ACB，BAC，BCA，CAB，CBA である。しかしこれは，種類が多くなると骨の折れる作業になる。そして，「すべてのありうる順序を挙げ切ったと確信できるのか？」という疑問の入る余地が払拭できなくなってくる。いくつの順序がありうるのか，より一般的な答えを得るまでは確信は得られない。

　幸いにも，何種類の順序が発生しうるのかを知ることは，それほど難しくない。ツリー（木）のように選択肢を考えてみる。第一段階では，3つの枝がある（最初に3種類のビールから何を飲むか）。次に第二段階では，2つの枝がある（残った2種類のビールから片方を選ぶ）。第三段階では，枝は1つしか残っていない（飲んでいないビールは1種類だけである）。そのため，$3 \times 2 \times 1$ の（試飲）経路がある。

　この考え方を一般化して，任意のオブジェクトの集合の順序づけに対し，何種類の方法があるかを知ることができる。n 個のオブジェクトがあるとする。この場合，n 個の方法から列はスタートする。ここで1つの方法を選ぶので，$n-1$ 個の方法が続く。これを繰り返すと，$n(n-1)(n-2)(n-3)\ldots$ となる。これは $n!$ と略記できる（$n!$ は「n の階乗」と読む）。

A.4.1　順　列

　ここでもう一度，プロコプはビールの試飲会を開きたいと考え

ているとしよう。ただし今度は出し惜しみなくビールを提供する
つもりである。しかし同時に，招待する友人たちには飲みすぎて
ほしくないと思っている。前回の試飲会では，泥酔した友人たち
が「ジェロニモ！（米軍落下傘部隊が使う掛け声）」と叫びながら
建物に這っているツタにぶら下がって大暴れし，警察まで来たか
らである。

　対策として，試飲会を上品な夜会スタイルで開催することにし
た。彼は 26 種類のラガーを用意している。そして 6 コースのビー
ル用の食事を提供するつもりである。それぞれのビールは，特別
に選んだポテトチップスとスナックの詰め合わせと一緒に供され
る。では，プロコプが用意可能な飲み物のメニューは何種類ある
のだろうか？　つまり，26 種類から 6 種類のビールを選ぶ方法
は何通りあるのだろうか？

　答えは非常に単純である。26 種類からスタートし，まずはピ
ルゼン・アンバーからピルゼン・ズーまですべてを選ぶことがで
きる。その次は 25 種類の選択肢があり，その次は 24 種類，23
種類，22 種類，21 種類となる。これで 6 種類のビールが選択さ
れた。答えは 26 × 25 × 24 × 23 × 22 × 21 である。

　より一般的に，n 個のオブジェクトから始めると，$n - 1$, $n - 2$ と続いていく。しかしこれは $n - r + 1$ で終わる。慣例的に，
これは次のように表記できる：

$$_nP_r = n(n - 1)(n - 2) ... (n - r + 1)$$

ここで $_nP_r$ は「n 個から r 個を並べる順列」と読む（少なくとも
私はそう読んでいる）。この選択方法は順列（permutation）と呼ば
れる。$_nP_r$ は順列の合計数の計算である。この等式は，より使い
やすく覚えやすい形にできる：

$$_{n}\mathrm{P}_{r} = \frac{n!}{(n-r)!}$$

これは元の数式に $(n-r)!/(n-r)!$ を掛けて得られる。

　しかしプロコプは気づいた——ビールの提供の順番まで気にしていては手間がかかりすぎる。客は好きな順序でビールを飲むことができるようにすればいい。これでおそらくは，マチルダ以外の客は「辛すぎる！」と言うであろうハバネロを詰めたハラペーニョへの文句は出なくなるだろう。

A.4.2　組み合わせ

　そして順番を気にしないときの物事の組み合わせ方法が自然と導かれる。答えは非常に簡単である。オブジェクトの同数の生起を伴うすべての列を同じと考え，順列の数を減らしたい。ここで，r 個のオブジェクトに対しては，$r!$ 種類の並び順があることは判明している。これを 1 つの方法とみなしたいわけである。そこで順列の数を $r!$ で割ると，次の式が得られる：

$$_{n}\mathrm{C}_{r} = \frac{n!}{r!(n-r)!}$$

私はこれを「n 個から r 個を選ぶ」と読んでいるが，ほかの人がどうしているかは知らない。お気づきのように，"組み合わせ論" は組み合わせ（combination）の研究である。これは非常に有用である。

A.5　大数の法則

　ここからは，反復する独立試行の数学的記述を取り上げる。まず試行を表現する方法が必要となるが，そのためには前節で解説

272

した組み合わせ論と，A.3 で取り上げた確率変数を使う。

A.5.1　ベルヌーイの確率変数と二項分布

　ベルヌーイの確率変数は 2 つの値，0 と 1 だけをとる。$p(X = 1) = 1 - p(X = 0)$ である。これは明らかにコイン投げの最適なモデルとなる。ベルヌーイの確率変数は明らかに最も単純で非自明な確率変数である（自明な確率変数はある定数をとるものである）。

　いつものように，n 回のコイン投げを行うと仮定しよう。そして，コインの表が例えば r 回出る確率が知りたいとする。ここでコイン投げは独立であり，一定の確率を持つ。慣例に従って，興味を持つ現象の生起を成功（success）と呼び，r 回の成功などと表現する。

　順番に進もう。まず，表が r 回出る特定の列の確率を決定することができる。少々記号の濫用感はあるが，表の出る確率を p と表記しよう。そして，表，裏，表，裏，裏 ... という列を考える。この確率は何なのだろうか？　$p \times (1 - p) \times p \times (1 - p) \times (1 - p)$ ... である。コイン投げは独立であるため，順序は重要ではない。したがって，列を表表裏裏裏と並べかえることができる。コイン投げは独立なので，確率を掛け合わせると $p \times p \times (1 - p) \times (1 - p) \times (1 - p)$，つまり $p^2(1 - p)^3$ である。

　これは容易に一般化できる。n 回中 r 回の成功を伴う特定列が持つチャンスは，$p^r(1 - p)^{n - r}$ である。しかし，我々が興味があるのは特定の列ではなく，r 回の成功が含まれるすべての列である。n 回中 r 回の成功を伴うすべての列の数は，前述したとおりである。この 2 つの方法を合わせると：

$$p(X = r) = \frac{n!}{r!(n - r)!} p^r (1 - p)^{n - r}$$

（通常の手順では暗黙の了解として，左辺には n 回の試行が存在するとする）。

プロコプの広いビール貯蔵庫で，この重要な実例を見ることができる。彼はヤルダに6種類のビールをランダムに選ばせた（明かりは壊れており，貯蔵庫は真っ暗である。プロコプは几帳面なタイプではなく，ビールの配置に規則はない）。態度の悪い客たちに文句を言っているヤルダは喉が渇いており，ラガーを欲しがっている（ビールの大きな分類にはラガーとエールがある）。そこで，ここではラガーの選択を成功と考える。プロコプとヤルダは，個々のビールがラガーであるチャンスを $p = 0.4$ と決めた（この決定方法に関しては本書をよく読もう）。ヤルダが6種類のビールを選んだとき，ラガーを1つだけ選ぶチャンスは何だろうか？　手間のかかる計算方法をとってもいいが，公式からヤルダが1つだけラガーを選ぶチャンスがわかる：

$p(6$ 種類のビールのうち1つがラガー$)$

$$= \frac{6!}{1!(6-1)!} \, 0.4^1 (1-0.4)^{6-1}$$

$$= \frac{6!}{5!} \times 0.4 \times 0.07776 = 0.186624$$

これは，ヤルダが少なくとも1つラガーを選ぶ確率の決定に使用できる。つまり，彼が1，2，3，4，5，6種類のラガーを選ぶチャンスである。これは明らかに以下のようにして計算できる：

$$p(L=1) + p(L=2) + p(L=3)$$
$$+ \, p(L=4) + p(L=5) + p(L=6)$$

より早く算出する手順もあり，単純である：

$$1 - p(L=0) = 0.953344$$

　では，ヤルダの喉の渇きを本当に潤してくれるために必要となる，少なくとも 3 種類のラガーが選択されるチャンスは何だろうか？　これは，

$$p(L \geqq 3) = p(L = 3) + p(L = 4) + p(L = 5) + p(L = 6)$$

エクセルでも使って計算すると，$p(L = x)$ の値は，

$p(L = 0) = 0.046656$
$p(L = 1) = 0.186624$
$p(L = 2) = 0.31104$
$p(L = 3) = 0.27648$
$p(L = 4) = 0.13824$
$p(L = 5) = 0.036864$
$p(L = 6) = 0.004096$

そしてラガーを 3 種類以上選択する確率を計算でき，0.45568 となる。

　これは値の分布の形，つまり確率分布関数を考える役に立つだろう（図 A-1）。

　この分布の “歪み” は，成功の確率より失敗の確率が高いことを反映している。

　ここで確率 0.5 の例を出すこともできたのだが，退屈だろうから別の数値にしている。退屈な理由？　次に示す図 A-2 が，確率の平均値を中心として対称となる分布を示しているからである。

　さまざまな値の p, n, r の二項分布を視覚化してくれる多くの（無料の）プログラムがある。

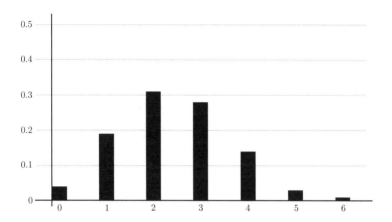

図 A-1 6 回の試行における成功の二項分布，*p*=0.4

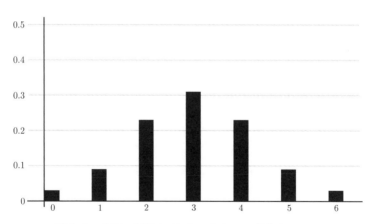

図 A-2 6 回の試行における成功の二項分布，*p*=0.5

A.5.2 大数の法則

予想できるとは思うが，大数の法則（law of large numbers）は，試行数が非常に大きくなるに伴って，試行結果の（確率的な）振る舞いがどうなっていくかを記述する。これら法則は公理から証明可能で，単純な基盤から大きな力を持つ定理がどのように得られるかを示している。このような法則の最も単純なものは，互いに"干渉"しない方法で正確に繰り返された試行と関連する。例はもちろんコイン投げである。n が（任意に）大きくなっていったとき，コイン投げの相対頻度 S_n/n はどのように振る舞うだろうか？

1つの答えは大数の弱法則（Weak Law of Large Numbers）である。これは成功の相対頻度が平均，つまり期待値 μ の周辺へと落ち着くであろうことを教えてくれる。すべての $\varepsilon > 0$ について，確率は以下である：

$$\lim_{n \to \infty} p\left(\left| \frac{S_n}{n} - \mu \right| < \varepsilon \right) \to 1$$

この種の収束は，確率収束として知られている。大数の弱法則は，相対頻度が平均へと確率的に収束することと言い換えることができる。

もう1つの答えは大数の強法則（Strong Law of Large Numbers）である。より強い主張であるためにこう呼ばれている。大数の強法則は，相対頻度が平均の周辺へと落ち着くことを示すだけではない——相対頻度は平均に一致する：

$$p\left(\lim_{n \to \infty} \frac{S_n}{n} = \mu \right) = 1$$

この種の収束は"ほとんど確実"と呼ばれる。この法則は，「相

対頻度はほとんど確実に平均へと収束する」と言い換えることができる。大数の強法則は，大数の弱法則に比べて証明がかなり難しい。また，無限の概念とかかわるため，おそらくはより多くの哲学的興味の対象となってきた。

相対頻度が平均へと収束するスピードを推定する大数の強法則と関連する定理が他にもある。その1つが重複対数の法則（Law of Iterated Logarithm）である。この法則の説明は行わないが，興味ある読者は Feller 1957 chapter VIII, section 5 を参照してほしい。この法則は，あるサイズを持つ平均からの偏差がどの程度の頻度で起こるかを示してくれる。つまり，平均からの偏りが非常に大きくなるのは有限回であり，平均からの偏りがある小さな値よりも大きくなるのは無限回である。さらに"大きすぎる"と"小さすぎる"の正確な意味も与えてくれる。大数の強法則はまた，平均からの許容可能な揺動量を表すものとしても解釈できるが，大数の弱法則はそうではない。

A.5.3 より大きな数の試行に対する二項分布の振る舞い

図A-3〜図A-5は，小さな数の試行において二項分布がどのように振る舞うかを示している。確率は 0.5 で，それぞれ試行回数は 10 回，20 回，30 回である。見てわかる通り，確率は平均の周辺に集まっていく。図A-3 では成功に関して 10 種類の組み合わせしかないが，確率の分布はかなり横に広がっている。

図A-4 が示すように，20 回の試行の後では確率分布の端の部分は大きく落ち込んでいる。

30 回の試行の後では，端の部分はほとんど起こっていない（図A-5）。

試行の回数が増えるにつれて，特定の割合を持つ成功の確率は非常に小さくなっていく。しかし，成功の確率は平均の周辺に集

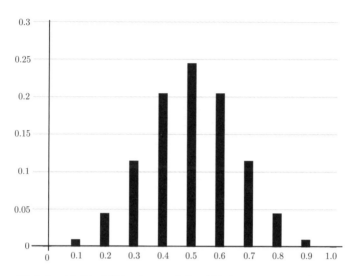

図 A-3 10 回の試行における成功の割合を示した二項分布，*p*=0.5

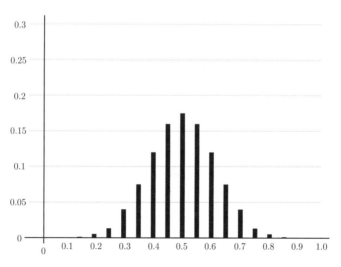

図 A-3 20 回の試行における成功の割合を示した二項分布，*p*=0.5

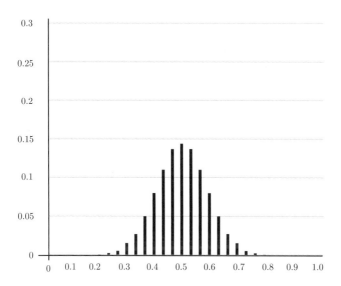

図 A-5 30 回の試行における成功の割合を示した二項分布, *p*=0.5

中したままである（見かけに騙されないように。すべての図で足し合わせた確率は 1 である）。

A.6 主観的確率と関連するトピック

A.6.1 厳しい整合性

厳しい整合性（strict coherence）とは，フェアな賭け割合が 1 または 0 に割り当てられるのは，トートロジーと矛盾のときのみであるべきだという条件である（換言すると，あなたが負けるかもしれない論理的可能性が存在すれば，賭け割合 1 と 0 での賭けは決し

て行われない）。この正当化は魅力的なものと思える。つまり，なぜ儲けの見込みのないリスクにお金を晒すべきなのか？　しかしこれは，非トートロジー的（または非必然的）言明に確率1を割り当てるときに，あなたが行っていることである。

　しかし，この基準を機能させるにはさらなる困難がある。実際には，あなたが有限種類の信念に賭けをしているか，あなたの確率測度が可算加法的でないときのみにしか，矛盾なく適用できない。確率が可算加法的であり，それぞれの非トートロジーかつ無矛盾の命題に正の確率を割り当てようとすると，確率の合計は1以上になるだろうからである（A.2.4.1 参照）。

A.6.2　スコアリング・ルール

　プロコプは非常に魅力的な女性マチルダと知り合った。マチルダは金融を学ぶ大学院生である。彼女はメガバンクで予測のパートタイムの仕事をしている（何の予測なのかについて彼女はプロコプになかなか話してくれない）。2人はある日，公園を歩いていた。マチルダは，「何てことだ！　我々はおしまいだ！」という破滅的な金融事象が来年起こる可能性について正確な予測をするよう，上司から言われていることを話した（「何てことだ！　我々はおしまいだ！」というマチルダの大声は，周囲の人々を振り向かせた。プロコプはこの愉快な状況に気づいたが，彼女が動揺するだろうと思い，それを伝えることは控えておいた。かわりに彼は，彼女の左腕にある "Mom" のタトゥーと，フランコフカ〔チェコ産の赤ワイン〕のような頬紅を見つめた）。もしその事象が起こったら，彼女はボーナスとして x ドルを支給される。そうでないなら，彼女は $1000 - x$ ドルを得る。$x/1000$ がある種の主観的確率であることは容易に確認できる（必要なら適切な方法で事象同士を足し合わせ，主観的確率に仕立てることができる）。その事象が起こるとする彼女

の信念が非常に強いなら，彼女は 1000 ドルに近い x の値を設定
するだろう。逆にそれが起こらないとする信念が非常に強い場合，
0 に近い x の値を設定する。少なくとも彼女の上司はそう考えて
いる。

　彼女は上司に，自分は金融を学ぶ大学院生ではあるがリスクを
取ることを非常に嫌う人間で，さらにかなり面倒くさがりである
ことを伝えた。もし彼女が $x = 500$ を提示すれば，事象が起こ
ろうが起こるまいが，500 ドルの臨時収入が確実となる。それで
は彼女はまじめに予測を行う必要がない。しかし彼女は続ける。
彼女は概して誠実な人間であり，この話に乗り気である。したがっ
て，x に適切な値を与えるべく努力するだろうと。彼女は大きな
声で笑い，ピアスを鳴らした。プロコプの鼓動は高まった。

　ここでマチルダの上司が使っているのは，スコアリング・ルー
ル（scoring rule）として知られている仕組みである。スコアリング・
ルールとは，人々の確率的な言明を明示的に表し，同時に正確な
予測をするよう動機づけるツールである。ここでは事象の生起と
予測との間の差をとる作業を行う。これによって 0 ～ 1 の間の
値が得られ，0 は最高のスコア，1 は最低のスコアである。報酬は，
1000 ドルにスコアを賭けて算出される。S を報酬総額，L をス
コアリング・ルールとする。この場合，$L = |E - p|$ であり，p
は正規化された予測，E は事象の指示変数である（つまり事象が
起これば 1，そうでなければ 0 をとる）。まとめると，事象 A が
どうであっても，正しく予想できていたときと比較して損した量
が $S|E - p|$ となる。これは以下の払い戻し表を与えてくれる：

A	
T	Sp
F	$S(1 - p)$

　予想を行う側からみると，p が 0.5 より大きく（つまりマチルダ
が事象が起こるだろうと予測し），事象が実際には起きなかった場
合，Sp は事実上の損失（機会損失）である。彼女がより正確に予
測することによって，より大きな合計 $S(1 - p)$ が得られたであ
ろうからである（複数事象の場合のスコアリング・ルールは，事象
数で割ると得られる）。

　しかし我々が議論しているのは，合理的で教養のあるマチルダ
という個人である。彼女は自由な時間も，お金と同様に価値ある
ものと考えている。つまり彼女にとって，予測しないことによる
報酬の減額は単純な損失にはならない。そのため彼女には，個人
的な視点が実際にどうであろうとも，$p = 0.5$ と設定する動機が
ある。少なくとも効用理論から見ると，"真の"確率を予測する
ように動機づけされていないため，このスコアリング・ルールは
インプロパー（不適切）である。予測者が効用を最大化するよう
動機づけされ，あまりないことだが効用と金額が等しく扱えると
き（その人にとってお金の価値が線形だったとき），A の生起の有無
に関して考えていることに基づいて，1 か 0 を選ぶ動機が与えら
れる（これは French 1988: 257 の 6.11.8 で取り上げられた問題であ
るが，ありがたいことに同書の 409-10 ページに解決法が掲載されて
いる。ここでの議論はスコアリング・ルールに関する彼の説明を基に
している）。

　さらに，このスコアリング・ルールが真の確率を明らかにしな
いことを示すために，効用理論的な機構を持ち出す必要もない。
以下の表は，A が起こった場合と起こらなかった場合における，
さまざまな p の値の払い戻しを示したものである。

p	A	非 A
1	1000	0
0.9	900	100
0.8	800	200
0.7	700	300
0.6	600	400
0.5	500	500
0.4	400	600
0.3	300	700
0.2	200	800
0.1	100	900
0	0	1000

もちろん命題の内容にもよるが，私のような人間は真ん中の $p = 0.5$ に強い魅力を感じる。

　この欠陥を補う1つの方法は，別の距離測度を使うことである。文献では3つほど挙げられている。二次方程式スコアリング・ルール，対数的スコアリング・ルール，球面的スコアリング・ルールである。以下のことは他の2つにも当てはまるため，ここでは二次方程式のスコアリング・ルールだけを議論する。二次方程式スコアは線形スコアの2乗 $(E - p)^2$ であり，これはプロパーなスコアリング・ルールである。すなわち，効用曲線がどのようなものであっても，あなたの期待効用を最大化することは，あなたの真の確率の言明になる（これも French 1988 の 6.11.9 で明らかにされている）。しかし，以下のような払い戻し表を見てみよう：

p	A	非 A
1	1000	0
0.9	990	190
0.8	960	360
0.7	910	510
0.6	840	640
0.5	750	750
0.4	640	840
0.3	510	910
0.2	360	960
0.1	190	990
0	0	1000

　先ほどの問題が，より悪い形でここでも発生している。怠惰は大きく報われる。二次方程式のスコアリング・ルールは，リスク回避型または怠惰な対象者の主観的確率を必ずしも明らかにしない。

A.6.3　質的および量的確率に関する公理

　以下は French 1988 および 1982 を参考にしたものである（彼は DeGroot 1970 に従っている。Childers and Majer 1999 も若干の修正のために利用した）。いつも通り，標準的な集合論的操作が可能な Ω について，事象の代数 F が存在すると仮定する。ここで，現実世界の事象の相対的な見込みの関係を $A \succsim B$ と定義する。$A \succsim B$ は，A は少なくとも B と同程度に見込みがあることを意味している。最初の 3 つの公理は，質的確率の公理である：

弱い順序付け

$\succsim$ は *F* の要素についての弱い順序である。

すべての *A*, *B*, *C* ∈ *F* に対し，(i) $A \succsim B$ または $B \succsim A$（もしくは両方），(ii) もし $A \succsim B$ かつ $B \succsim C$ なら，$A \succsim C$。$\succ$ と $\sim$ は，通常の方法で定義できる。例えば，$A \succsim B$ かつ $B \succsim A$ のとき，そしてそのときに限り，$A \sim B$ である。また，$B \succsim A$ でないとき，そしてそのときに限り，$A \succ B$ である。

共通事象の独立性

任意の *A*, *B*, *C* ∈ *F* に対し，もし $A \cap C = \varnothing = B \cap C$ なら，
$$A \succsim B \Leftrightarrow A \cup C \succsim B \cup C$$

非自明性

任意の *A* ∈ *F* に対し，$\Omega \succ \varnothing$，$A \succsim \varnothing$

事象の見込みを比較するためには，尺度デバイスが必要である。公平な偶然ゲームなら何でもいいのだが，本書ではホイール・オブ・フォーチュンにこだわろう。必要なのは，ゲームから事象の代数が組み立てられ，根元事象について平坦な分布が定義できることのみである。

ホイール・オブ・フォーチュンは，極座標系の原点に中心がある単位円として考えることができる。任意の弧は，ペア [α, β] として表現できる。ここで α は円の上の弧の開始点を決定し，β は 2 番目の弧の開始点である（または β を弧の長さを決定するものと捉えることができる）。円のすべての弧の集合が，参照事象の代数を決定する。

参照試行

参照試行は，通常の集合論的操作が可能な集合 $\{[\alpha_0,\ \phi]\ ;$ $\alpha_0,\ \phi \in \langle 0,\ 2\pi \rangle\}$ によって生成される代数 G の事象から構成される。

参照試行における相対的な見込みは，長さを使って定義される（ここではそれを公平と仮定しているため）。長さを $l(A)$ と表すと，

参照試行の相対見込み

$A \succsim_R B \Leftrightarrow l(A) \geq l(B)$

$\succsim_R$ は質的確率の公理を満たす（その測度となっている長さが満たすからである）。

事象を参照事象と関連させることは，連続性の仮定を要求する。確率の決定法を規定するため，この仮定は決定的に重要である。

連続性

F 上の見込み順序 $\succsim$ と G 上の順序 $\succsim_R$ は，F と G のデカルト積上の見込みの順序付けへと拡張でき，さらに任意の F の元 A について，$A \sim A'$ のような $A' \in G$ が存在する。

最後の仮定は，スケールを合わせる規約を決定する。

確実性の同値

$\Omega \sim [0,\ 2\pi]$

この確率は今や，現実世界の事象に対応する参照事象，つまり弧の正規化された長さである。そして次のことが証明できる（French

1988）：

　　$p(A) = f(A)/2\pi$ は体 F についての確率測度である。

これで構築は終了した。ホイール・オブ・フォーチュンは，基本
的な見込みの順序についての確率を完全に決定することに対する
確率を与えてくれる。

A.7 デュエム - クワイン問題, 言語, 形而上学

　　W・V・クワインは，際立って包括的な経験主義的哲学を生み
出した。そのなかでは，ホーリズム（言語に関する経験主義的理論
へデュエム - クワイン論証を適用することによって得られる）や存在
論的相対性のようなテーマが結び付けられ，徹底した自然主義的
考察が導かれている。この視点で鍵となるのが，クワインによる
厳格なバージョンの言語学習に関する理解である。彼にとって
経験主義は，ある言語を理解したい場合に我々が頼れるのは，周
囲の他人が発するシグナルだけだという視点の中に包含されてい
る。

　　これは別に奇妙な主張ではない。子供はこの方法で学習してい
ることが想像できるし，ある言語を学習するために隔絶された僻
地を尋ねた立場となったことを思い描いてもいい。以下は夢の話
である。プロコプは誘拐され，ルイジアナ州アチャファラヤ盆地
の真ん中で放りだされた。この場所で彼は，親切なケイジャン［ア
メリカに渡ったフランス系移民の子孫で，現在でも特殊なフランス語
を話している］のガストン・ブードローに拾われた。ある朝早く，
彼は家主のガストンが小川でナマズ釣りの仕掛けを設置するのを
手伝っていた。そのとき1匹のウサギが対岸に現れた。ガストン

はそれに気づき，"lapin"とささやいた。プロコプは，ガストンの非常になまった英語がほとんど理解できない。また，彼はフランス語も話せない（多少でもフランス語がわかればガストンのなまりを理解する助けになったのだろうが）。しかし彼は，ガストンがいま"ウサギ"と言っているのではないかと思った。もし彼の手が生臭いナマズの餌に添えられていなかったら，彼はボロボロの手帳を取り出し，"ウサギ = lapin"と書き込んだことだろう。

　しかしこれは確かなことなのだろうか？　ガストンと彼のケイジャン仲間はウサギをさまざまな方法で調理することに凝っており（私は著者の立場からこれが正しいことを保証する），実際には「切り離されていないウサギの部位」とか，「一度処理したとてもおいしいウサギの肉」と言っている場合もありうる。あるいは彼らはミンコフスキーの存在論的フレームワークに基づいて話しており，実際には「ウサギの時間的断片」などと言っているのかもしれない。ガストンと十分な時間を一緒にすごせば，プロコプがそのような突飛な解釈をすることは排除できるはずだと主張する人もいるだろう。しかしそうではないとクワインは言う。言葉の意味に関する証拠として，それが発せられた経験的文脈のみを考えるなら，デュエム‐クワイン問題によって常に複数の翻訳方法が残される。そのような解釈をすること――ケイジャンたちが料理のために対象を処理するさまざまな方法に基づいた観点を採用しているのではなく，ミンコフスキー時空に基づいた（相対論的な極大でもなく量子力学的な極小でもない）中間サイズオブジェクトという観点を採用していると考えること――は，奇妙に思えるかもしれない。しかしそれら解釈は，証拠の不足によって除外できない。上述の例は，厳密に経験主義的な意味の理論（ちなみにこれはB・F・スキナーに由来している）を考えた場合，言語がどのようにその意味論（semantics）と関連するかに関して経験的に確

かな事実など存在しえないことを示している（ここでいう意味論とは，特定の存在論を意味している）。

　最終的にガストンはプロコプをカヌーに乗せ，バス停のある最寄りの町まで送ってやった。彼にカリフォルニアまでのチケットを買ってあげ，両頬にキスし，タッパーに入れたウサギのエトフェをお土産に渡して送り出した。

A.7.1　クワインのプログラムの確率的応用

　これを確率的に考えると，以下のようなものになる。言葉の意味は条件付き確率 $p($ 発声 $|$ 刺激，環境 $)$ によって決定される。そしてもし確率 $p($ ガストンが "lapin" と言う $|$ ウサギが視界内にいる $)$ が高いなら，"lapin" はウサギという意味を持つ（注意：私は "意味（meaning）" をかなりいい加減に扱っている。クワインは "刺激意味（stimulus meaning）" という用語を使っており，結論だけ言うとこれは慣例的な意味の概念ではない）。しかしこの定式化には省略がある。含意は実際には，「確率 $p($ ガストンが "lapin" と言う $|$ ウサギが視界内にいる＆ガストンはプロコプと形而上学を共有している $)$ が高く，したがって "lapin" はウサギを意味している」であるべきである。しかしこの条件付き確率は，$p($ ガストンが "lapin" と言う $|$ ウサギが視界内にいる＆ガストンは食べ物に特化した形而上学を持っている $)$ と等しい（あるいは等しい場合がある）。そしてここからは，「"lapin" は "切り離されていないウサギの部位" を意味している」という結論を引き出すことができる。クワインによれば，もし我々が柔軟な態度をとるのなら，この２つを区別できる経験的証拠は存在しない（注意：これは経験的な過小決定性の問題ではない。すべての経験的証拠が手に入る場合でさえこれは成り立つ）。クワインにとって，意味論とは確証（confirmation）以外の何物でもなく，以下の結論は避け

られない。すなわち，文の意味，ひいてはガストンが持つ世界観の形而上学について，「正しいこと（fact of the matter）」は存在しない（意味論的ホーリズムと確証的ホーリズムを区別すべきだと主張する人もいるが，クワインにとってそのような区別は存在しない）。

クワインは仕事を通じて，彼独特の非常にユニークなアメリカ英語の中で扱われたテーマを何度も修正している。わかりやすく信頼のおける参考文献に Kemp 2006 がある。ここで概観してきたテーマは，クワインの 1960 年の『ことばと対象（*Word and Object*）』（大出晃・宮館恵訳，勁草書房）で詳しく展開されている。1969 年の『*Ontological Relativity and Other Essays*』の 2 番目に収録されている "Ontological Relativity" も有用なガイドとなる。クワインによる 1981 年の "Reply to Roth" も役に立つだろう。

謝　辞

　まず，ジェイムズ・ヒル，オンドレイ・マイヤー，ピーター・
ミルンという特別な感謝を捧げるべき 3 人の友人を挙げなければ
ならない。ジェイムズは本書全体の草稿を何度も読んでくれ，私
が自分自身の文章で執筆できることに自信を持たせてくれた。オ
ンドレイは哲学研究上の親友である。私が哲学的な泥沼にはまっ
たときには，そこから抜け出すことを助けるために彼はいつも傍
にいてくれた。オンドレイは全体の原稿を注意深く読んでくれ，
常に喜んで耳を傾けてくれた。ピーターは，ほとんどとはいわな
いまでも，本書で扱った多くの問題に対する私のアプローチに大
きな影響を与えた。彼もまた全体の草稿を読んでくれ，忌憚のな
い意見をくれた。彼らの哲学的および精神的なサポートに感謝し
たい。

　ペトラ・イヴァニコヴァはチェコ語訳を読み，多くの間違いを
見つけてくれた。執筆期間を通して助けてくれた，本当に素晴ら
しい人である。ヤロスラフ・ペレグリンは各章を進んで読み，改
善点を提案してくれた。作業期間中，彼の鋭い哲学的洞察には大
いに助けられた。トーマシュ・プラチェクは本書全体を読んだ後，
細部への批評をくれ，本当に親切にしてくれた。私がひいきにし
ている政治コンサルタントのタンウィーア・アリもいくつかの章
を読んでくれ，ビールまで買ってくれた。ヴラジミール・スヴォ
ボダはチェコ語訳を徹底的に見直してくれた。カタジーナ・キヤ
ニア - プラチェクはある章を読み，気にくわない点を明確かつ厳
格に説明してくれただけでなく，素晴らしいパーティーを開いて

くれた。トマーシュ・クロウパは恐るべき哲学的・技術的な洞察を披露してくれ，原稿の内容と構成を改善してくれた。ゲイリー・ケンプはクワインについての知識を提供してくれた。これは本書で扱った多くの議題についてより深く考えるきっかけとなった。詳細かつ建設的で思慮深い批評を寄せてくれた2人の匿名査読者によって，本書の多くの記述は大きく改善された。当然，この謝辞は本書の不適切な記述の責任を彼らと共有しようとするものではない。しかし，上に挙げた方々の協力は，間違った記述を大きく減らす助けとなった。

　本人たちは気づいていないかもしれないが，多くの論題に関する私の視点は，まったく異なるトピックに関する友人たちとの議論から影響を受けている。特に，ロビン・フィンドリー・ヘンドリー，ジョナサン・フィンチ，パヴェル・マテルナ，マルコ・デル・セタ，プロコプ・ソウセジークと知り合えたことは幸運だった。ちょうどいい機会なのでここで断っておくと，同僚の名前を借りたり，場合によっては性格も拝借したりしているが，本書の登場人物たちは架空のキャラクターである。

　また，本書へと至る哲学的道筋を用意してくれた多くの人々がいる。両親であるクリントン＆ベティ・チルダーズは私を自分の頭で考える人間へと育ててくれた。そして科学哲学や，哲学への形式的アプローチを私に紹介してくれたのは，フセイン・サルカールである。ドナルド・ギリースとコリン・ハウソンは私が学んだ「確率の哲学」の前期課程で共に教えており，それ以来私を支援してくれている。博士課程で私を指導してくれたピーター・アーバックは，本当に素晴らしい博士課程指導員（Doktorvater）だった。彼らに深い感謝を捧げたいと思う。

　本書は，チェコ共和国グラント局からのグラント
GA401/04/0117 と GAP401/10/1504 による支援を受けている。
チェコ科学アカデミー哲学研究所と所長のパヴェル・バランから
の支援にも感謝する。また，哲学研究所の分析哲学部門長のペト
ル・コタトゥコにもお世話になった。
　最後になったが，ダッジ，ラウラ，ルーカスは私の最も愛する
人たちである。本書を彼らに捧げる。

監訳者あとがき

確率とは何か

　私が確率という概念に疑問を持ったのは大学生の頃だった。確率という概念は，確率モデルという形で広く利用されている。その文脈では，未来が確率的に決まることを前提としているように見える（確率モデルにおいて使われる確率の傾向説の問題点については本書第2章で解説されている）。普段は決定論的な世界観を持ちながら，場合によって非決定論的な世界観を許容するご都合主義が許されてよいのだろうかと，若さゆえの傲慢さで考えた。

　確かに確率という概念には，いくつもの文脈を跨ぐがゆえの難しさと面白さがある。確率は身近に使われる一方で，高度な科学にも使われる。確率には経験主義的な側面もあれば，数学的もしくは論理的な側面もある。確率の解釈には頻度説，主観説，傾向説など複数の考え方があり，場面に応じて使い分けたり，二重の意味で使ったりする。実際いくつもの相反するような考え方が，確率という同じ言葉で表現されて使われている。確率の哲学を学ぶと，自らの複数の考えの整合性がいかに危ういかを再認識させられる。

　しかし確率解釈に結論が出ていないのなら，確率の哲学を学ぶことにどんな意味があるのだろうか。ここでは，「確率」という言葉で曖昧になっている部分に思いを馳せることができるようになる点を強調したい。例えば，以下の文章はどういう意味だろうか。

・降水確率が 30%である

・原発事故の確率が 0%である

・この検査が陽性のとき X 病の罹患確率が 90%である

・A 大学の合格確率が 20%である

・サイコロの 1 の目が出る確率が 1/6 である

　普段はあまり意識しないかもしれないが，これらの確率を同じ
ように受け止めていいのだろうか。本書で紹介されているような
様々な確率解釈を知れば，確率という言葉に惑わされずに，その
正確な意味を理解しようとすることができるだろう。

　このことは確率概念を使う様々な数学理論にも当てはまる。例
えば力学系では完全に決定的な系に対して，確率モデルを考えた
り，確率の概念を使った数学的主張をしたりする。統計学におけ
る頻度説と主観説の対立もよく見聞きすることである。複数の確
率解釈を知っていれば，数学的な主張もまた，複数の見方ができ
るようになる。

　データサイエンスもまた，確率の概念が重要な役割を果たす分
野の 1 つである。昨今は特に人工知能（AI）の名と共に，理論的
研究も応用分野も注目を集めている。その主要因は，「計算機が
データから規則を見つけるための技術の発展」であろう。この
「データから規則を発見する」という行為の哲学的理解には，確
率哲学の議論が大いに参考になる。

　確率の哲学は面白い。実際，確率の哲学に関する本は欧米圏で
は数多く出版されており，その議論には長い歴史がある。しかし，
確率の哲学をその数学的な側面も含めて一通り網羅している和書
は多くない。本書の特徴は様々な面でのバランスの良さにあり，

日本語で気軽に読めると望ましいとの思いを強く持った。

　この本ではプロコプという人物を通して身近な（時には身近ではないが具体的な）例を通して話が始まるので，数学や哲学の訓練を受けていない人でも，最も基本的な考え方は伝わるだろう。同時に各章の最後には比較的新しい議論が紹介されており，この分野を研究したい人への足がかりにもなるだろう。各章では比較的独立したテーマが提示されるので，前章の最後のほうでついていけなくなったとしても，次の章では身近な例から再スタートできる。

　またこの本では，確率の哲学的な側面と，その議論に必要な数学的側面の両方を避けることなく議論している。多くの議論が数学的に証明される定理に基づいてなされており，そのことがこの分野の議論に一定の説得力をもたらしていることがわかるようになっている。

　本書では，確率の哲学に関する主要な議論が一通り取り上げられている。哲学的議論をする以上，誰にでも自分が賛同する意見も反対する意見もあるだろう。しかしこの本ではそのような著者の好みはところどころに垣間見えるだけである。これにより，賛成・反対の前にどのような議論があるのかを知るための教科書もしくは導入書としての役割を果たせるようになっている。

「アルゴリズム的確率」と「ゲーム論的確率」

　この本では紹介されていないが，この場を借りて「アルゴリズム的確率」と「ゲーム論的確率論」という2つの数学理論について紹介しておきたい。どちらもコルモゴロフの公理的確率論とは異なる確率の理論である。

　本書の第1章で紹介されている通り，フォン・ミーゼスが頻度説による確率論を構築するために必要としたのがランダムの概念だった。ランダムの概念として自然なものを定義し，その性質を明らかにするのが，「アルゴリズム的ランダムネス（algorithmic randomness）」と呼ばれる数学理論である。そのランダムの理論に基づいて確率の概念を再定義したのが，「アルゴリズム的確率」と「ゲーム論的確率論」である。その意味ではフォン・ミーゼスの構想を形にした理論である。しかし，どちらの解釈も単純ではなく，頻度説の枠組みに入れるのは不適切だろう。

　「アルゴリズム的確率（algorithmic probability）」の理論を創ったのは，ソロモノフ（Ray Solomonoff）である。彼は人工知能を研究するなかで，データの圧縮可能性（非ランダム性）と予測可能性の関係を見抜いた。「データから予測する」ことができるとすれば，そのアルゴリズムは計算機によって実行できるはずである。予測に計算可能性という制限を加えることで，万能な（ある意味で最も良い）予測が存在することが示されるので，その予測をアルゴリズム的確率と呼んだ。ソロモノフ自身はアルゴリズム的確率を新しい確率概念として提唱したが，この考えは他の人には受け入れられなかったようで，単に「万能帰納的推論（universal inductive inference, universal induction）」と呼ばれることも多い。アルゴリズム的確率は汎用人工知能（強いAI）を作る足がかりになるのではと期待されている。

　「ゲーム論的確率論（game-theoretic probability）」は，ウォフク（Vladimir Vovk）とシェイファー（Glenn Shafer）により提唱された。ランダム性を表現する手法として，（計算可能性ではなく）ゲーム理論を基盤にしている。ゲーム論的確率論において確率は

ゲームにおいて初期資金から資金をどれだけ増やせるか，その割合により定義する。その確率は一般に幅の形で表現され，不正確な確率（imprecise probability）の理論との相性がよい。特定の確率モデルを仮定することがないため，例えば経済の文脈でより自然なモデル化を提供するとみなされている。

　これらの数学理論からは確率についての新しい洞察が得られる。しかし確率の解釈としては適用範囲が部分的で，この本に紹介されている説に取って代わる地位を築けるようには思われない。

　私自身はアルゴリズム的ランダムネスの理論を専門とし，数学的な理論の研究をしている。同時に，計算，ランダム，予測，確率などの概念を数学的に明らかにしたいとの思いから，アルゴリズム的確率の理論やゲーム論的確率論の研究に携わり，確率哲学についても学んできた。この本の第1章は私の研究の導入と言いたいような内容である。この本では確率概念を考える上でフォン・ミーゼスの考えを中心的に取り上げており，その考え方に強く共感している。

　確率の哲学はいま現在も熱心な議論の中にある。今後もまた，確率概念の応用範囲が広まるにつれ，確率の哲学の重要性は増していくだろう。読者の方々には，本書が確率といういまだに謎多き概念を考えてみる一助になればと願っている。

2019 年 10 月 30 日

参考文献

Albert, Max. 2005. Should Bayesians Bet where Frequentists Fear to Tread? *Philosophy of Science* 72: 584-93.

Anand, Paul. 1993. *Foundations of Rational Choice Under Risk*. Oxford: Oxford University Press.

Armendt, Brad. 1993. Dutch Books, Additivity and Utility Theory. *Philosophical Topics* 21(1): 1-20.

Ash, Robert B. 1965. *Information Theory*. New York: Dover Publications, Inc.

Bass, Thomas A. 1991. *The Newtonian Casino*. London: Penguin.

Bernoulli, Jacob. (1713) 2006. *The Art of Conjecturing: Together with 'Letter to a Friend on Sets in Court Tennis'*. Translated by Edith Dudley Sylla. Baltimore; Johns Hopkins University Press.

Billingsley, Patrick. 1995. *Probability and Measure*. 3rd edn. New York: John Wiley & Sons.

Binmore, Ken. 2009. *Rational Decisions*. Princeton: Princeton University Press.

Borel, Émile. (1950) 1965. *Elements of the Theory of Probability*. Translated by John E. Freund. Englewood Cliffs: Prentice-Hall.

Bovens, Luc and Stephan Hartmann. 2003. *Bayesian Epistemology*. Oxford: Oxford University Press.

Briggs, Rachael. 2009a. The Big Bad Bug Bites Anti-realists about Chance. *Synthese* 167: 81-92.

——. 2009b. The Anatomy of the Big Bad Bug. *Noûs* 43(3): 428-49.

Brukner, Časlav and Anton Zeilinger. 2001. Conceptual Inadequacy of the Shannon Information in Quantum Measurements. *Physical Review A* 63(2): 022113.

Callender, Craig and Jonathan Cohen. 2010. Special Sciences, Conspiracy and the Better Best System Account of Lawhood. *Erkenntnis* 73: 427-47.

Carnap, Rudolf. (1932) 1959. The Elimination of Metaphysics through the Logical Analysis of Language. In *Logical Positivism*, 60-81. Translated by Arthur Pap. Edited by A. Ayer. New York: The Free Press.

——. (1934) 1967. On the Character of Philosophic Problems. In *The Linguistic Turn: Recent Essays in Philosophical Method*, 54-62. Translated by W. M. Malisof. Edited by Richard Rorty. Chicago: University of Chicago Press.

——. 1950. *Logical Foundations of Probability*. Chicago: University of Chicago Press.

——. 1952. *The Continuum of Inductive Methods*. Chicago: University of Chicago Press.

Childers, Timothy. 2009. After Dutch Books. In *Foundations of the Formal Sciences VI: Reasoning about Probabilities and Probabilistic Reasoning*, 103-15. Edited by B. Löwe, E. Pacuit, and J.-W. Romeijn. London: College Publications London.

——. 2012. Dutch Book Arguments for Direct Probabilities. In *Probabilities, Laws, and Structures: The Philosophy of Science in a European Perspective* Vol.3, 19-28. Edited by D. Dieks, W. Gonzales, S. Hartmann, M. Stöltzner, and M. Weber. Berlin: Springer.

—— and Ondrej Majer. 1998. Łukasiewicz's Theory of Probability. In *The Lvov-Warsaw School and Contemporary Philosophy*, 303-12. Edited by K. Kijania-Placek and J. Woleński. Dordrecht: Kluwer.

—— ——, 1999. Representing Diachronic Probabilities. In *The Logica Yearbook* 1998, 170-9. Edited by T. Childers. Prague: Filosofia.

Christensen, David. 1991. Clever Bookies and Coherent Beliefs. *The Philosophical Review* 100(2): 229-47.

——. 1999. Measuring Confirmation. *The Journal of Philosophy* 96(9): 437-61.

Church, Alonzo. 1940. On the Concept of a Random Sequence. *Bulletin of the American Mathematical Society* 46: 130-5.

Colyvan, Mark. 2004. The Philosophical Significance of Cox's Theorem. *International Journal of Approximate Reasoning* 37: 71-85.

Connors, Edward, Thomas Lundregan, Neal Miller, and Tom McEwen. 1996. *Convicted by Juries, Exonerated by Science; Case Studies in the Use of DNA Evidence to Establish Innocence After Trial*. Research Report NCJ 177626. Washington, DC: National Institute of Justice.

Cover, Thomas M. and Joy A. Thomas. 2006. *Elements of Information Theory*. 2nd edn. New York: John Wiley & Sons.

Cox, Richard T. 1946. Probability, Frequency and Reasonable Expectation. *American Journal of Physics* 14(1): 1-13.

——. 1961. *The Algebra of Probable Inference*. Baltimore: Johns Hopkins University Press.

Deakin, Michael. 2006. The Wine/Water Paradox: Background, Provenance and Proposed Resolutions. *The Australian Mathematical Society Gazette* 33: 200-5.

de Finetti, Bruno. (1931) 1993. On the Subjective Meaning of Probability. In *Probabilità e Induzione*, 291-321. Edited by P. Monari and D. Cocchi. Bologna: Clueb.

——. (1937) 1964. Foresight: Its Logical Laws, Its Subjective Sources. In *Studies in Subjective Probability*, 97-158. Translated by Henry Kyburg. Edited by Henry Kyburg and Howard Smokler. New York: John Wiley & Sons.

——. 1972. *Probability, Induction and Statistics: The Art of Guessing*. London: John Wiley & Sons.

——. 1974. *Theory of Probability: A Critical Introductory Treatment*, Vol.1. Translated by Antonio Machì and Adrian Smith. London: John Wiley & Sons.

DeGroot, Morris H. 1970. *Optimal Statistical Decisions*. New York: McGraw-Hill.

Diaconis, Persi and David Freedman. 1986. On the Consistency of Bayes Estimates. *Annals of Statistics* 14: 1-26.

——, Susan Holmes, and Richard Montgomery 2007. Dynamical Bias in the Coin Toss. *SIAM Review* 49(2): 211-35.

Doob, J. L. 1941. Probability as Measure. *The Annals of Mathematical Statistics* 12(3): 206-14.

Dorling, Jon. 1979. Bayesian Personalism, the Methodology of Scientific Research Programmes, and Duhem's Problem. *Studies in History and Philosophy of Science* 10(3): 177-87.

Downey, Rodney G. and Denis R. Hirschfeldt. 2010. *Algorithmic Randomness and Complexity*. Heidelberg: Springer.

Eagle, Anthony. 2004. Twenty-one Arguments against Propensity Analyses of Probability. *Erkenntnis* 60: 371-416.

——. 2012. Chance versus Randomness. In *The Stanford Encyclopedia of Philosophy*, Spring 2012 Edition. Edited by Edward N. Zalta. <https://plato.stanford.edu/archives/spr2012/entries/chance-randomness/>

Earman, John. 1992. *Bayes or Bust?: Critical Examination of Bayesian Confirmation Theory*. Cambridge, MA: MIT Press.

Economic Commission for Europe. 2007. *Statistics of Road Traffic Accidents in Europe and North America*, Vol. 51. New York: United Nations. <http://www.unece.org/trans/welcome.html>

Edwards, Ward, Harold Lindman, and Leonard J. Savage. 1963. Bayesian Statistical Inference for Psychological Research. *Psychological Review* 70(3): 193-242.

Eells, Ellery and Branden Fitelson. 2000. Measuring Confirmation and Evidence. *The Journal of Philosophy* 97(12): 663-72.

Feller, William. 1957. *An Introduction to Probability Theory and Its Applica-*

tions. 2nd edn. New York; John Wiley & Sons.

Fetzer, James. 1981. *Scientific Knowledge: Causation, Explanation, and Corroboration*. Dordrecht: D. Reidel Publishing Co.

Feinberg, Stephen E. 2006. When Did Bayesian Inference Become 'Bayesian'? *Bayesian Analysis* 1(1): 1-40.

Fishburn, Peter. 1986. The Axioms of Subjective Probability. *Statistical Science* 1(3): 335-45.

Fitelson, Branden. 2001. *Studies in Bayesian Confirmation Theory*. PhD dissertation, University of Wisconsin-Madison. <http://www.fitelson.org/thesis.pdf>

—— and Andrew Waterman. 2005. Bayesian Confirmation and Auxiliary Hypotheses Revisited: A Reply to Strevens. *British Journal for the Philosophy of Science* 56(2): 293-302.

Föllmer, Hans and Uwe Küchler. 1991. Richard von Mises. In *Mathematics in Berlin*, 111-16. Edited by H. G. W. Begehr, H. Koch, J. Kramer, N. Schappacher, E.-J. Thiele. Berlin: Birkhäuser Verlag.

Franklin, James. 2001. *The Science of Conjecture: Evidence and Probability before Pascal*. Baltimore: Johns Hopkins University Press.

Fréchet, Maurice. 1939. The Diverse Definitions of Probability. *Erkenntnis* 8(1): 7-23.

French, Simon. 1982. On the Axiomatisation of Subjective Probabilities. *Theory and Decision* 14: 19-33.

——. 1988. *Decision Theory: An Introduction to the Mathematics of Rationality*. Chichester: Ellis Horwood.

Galavotti, Maria Carla. 2005. *Philosophical Introduction to Probability*. Stanford: CSLI Publications.

Geiringer, Hilda. 1969. Probability Theory of Verifiable Events. *Archive for Rational Mechanics and Analysis* 34(1): 3-69.

Giere, Ronald N. 1976. A Laplacean Formal Semantics for Single-Case Propensities. *Journal of Philosophical Logic* 5: 321-53.

Gillies, Donald A. 1973. *An Objective Theory of Probability*. London: Methuen & Co. Ltd.

——. 1990. Bayesianism Versus Falsificationism. *Ratio* 3(1): 82-98.

——. 2000. *Philosophical Theories of Probability*. London: Routledge.

Guay, Alexandre and Brian Hepburn. 2009. Symmetry and Its Formalisms: Mathematical Aspects. *Philosophy of Science* 76(2): 160-78.

Hacking, Ian. 2001. *An Introduction to Probability and Logic*. Cambridge:

Cambridge University Press.

Hájek, Alan. 1997. 'Mises Redux' – Redux: Fifteen Arguments against Finite Frequentism. *Erkenntnis* 45(2, 3): 209-27.

——. 2003. What Conditional Probability Could Not Be. *Synthese* 137(3): 273-323.

——. 2007. The Reference Class Problem Is Your Problem Too. *Synthese* 156(3): 563-85.

——. 2009. Fifteen Arguments against Hypothetical Frequentism. *Erkenntnis* 70: 211-35.

——. 2012. Interpretations of Probability. *The Stanford Encyclopedia of Philosophy*, Summer 2012 Edition. Edited by Edward N. Zalta. <https://plato.stanford.edu/archives/sum2012/entries/probability-interpret/>

Hall, Michael J. W. 2000. Comment on 'Conceptual Inadequacy of Shannon Information···' by C. Brukner and A. Zeilinger. <http://arxiv.org/abs/quant-ph/0007116v1>

Hall, Ned. 1994. Correcting The Guide to Objective Chance. *Mind* 103(412): 505-17.

Hayles, N. Katherine. 1999. *How We Became Posthuman: Virtual Bodies in Cybernetics, Literature, and Informatics.* Chicago: University of Chicago Press.

Heath, David and William Sudderth. 1976. De Finetti's Theorem on Exchangeable Variables. *The American Statistician* 30(4): 188-9.

Hoefer, Carl. 2007. The Third Way on Objective Probability: A Sceptic's Guide to Objective Chance. *Mind* 116(463): 549-96.

Howson, Colin. 1995. Theories of Probability. *The British Journal for the Philosophy of Science* 46(1): 1-32.

——. 2000. *Hume's Problem: Induction and the Justification of Belief.* Oxford: Oxford University Press.

——. 2003. Probability and Logic. *Journal of Applied Logic* 1: 151-65.

——. 2008. De Finetti, Countable Additivity, Consistency and Coherence. *British Journal for the Philosophy of Science* 59: 1-23.

——. 2009. Can Logic Be Combined with Probability? Probably. *Journal of Applied Logic* 7(2): 177-87.

—— and Peter Urbach. 1993. *Scientific Reasoning: The Bayesian Approach.* 2nd edn. Chicago: Open Court.

——. 2006. *Scientific Reasoning: The Bayesian Approach.* 3rd edn. Chicago: Open Court.

Humphreys, Paul. 1982. Review of *Hans Reichenbach: Logical Empiricist. Philosophy of Science* 49(1): 140-2.

——. 1985. Why Propensities Cannot Be Probabilities. *The Philosophical Review* 94(4): 557-70.

——. 2004. Some Considerations on Conditional Chances. *British Journal for the Philosophy of Science* 55: 667-80.

Jaynes, E. T. 1957a. Information Theory and Statistical Mechanics. *The Physical Review* 106(4): 620-30.

——. 1957b. Information Theory and Statistical Mechanics II. *The Physical Review* 108(2): 171-90.

——. 1968. Prior Probabilities. *IEEE Transactions On Systems Science and Cybernetics* 4(3): 227-41.

——. 1973. The Well-posed Problem. *Foundations of Physics* 3: 477-93.

Jeffrey, Richard. 1983. *The Logic of Decision*. 2nd edn. Chicago: University of Chicago Press.

——. 1993. Take Back the Day! Jon Dorling's Bayesian Solution of the Duhem Problem. *Philosophical Issues* 3: 197-207.

Joyce, James. 1998. A Non-pragmatic Vindication of Probabilism. *Philosophy of Science* 65(4): 575-603.

Kemp, Gary. 2006. *Quine: A Guide for the Perplexed*. London: Continuum.

Keynes, John Maynard. (1921) 1973. *A Treatise on Probability*. Vol. 8 of *The Collected Writings of John Maynard Keynes*. London: Macmillan for the Royal Economic Society.

Kolmogorov, A. N. (1933) 1950. *Foundations of the Theory of Probability*. Translation edited by Nathan Morrison. New York: Chelsea Publishing Co.

——. 1963. On Tables of Random Numbers. *Sankhya: The Indian Journal of Statistics*, Series A25.

Kosso, Peter. 2000. The Empirical Status of Symmetries in Physics. *British Journal for the Philosophy of Science* 51(1): 81-98.

Kposowa, Augustine J. and Michele Adams. 1998. Motor Vehicle Crash Fatalities: The Effects of Race and Marital Status. *Applied Behavioral Science Review* 6(1): 69-91.

Kraft, Charles H., John W. Pratt, and A. Seidenberg. 1959. Intuitive Probability on Finite Sets. *Annals of Mathematical Statistics* 30: 408-19.

Kullback, S., and R. A. Leibler. 1951. On Information and Sufficiency. *The Annals of Mathematical Statistics* 22(1): 79-86.

Kyburg, Henry E. 1981. Principle Investigation. *Journal of Philosophy* 78(12): 772-8.

306

La Pansée, Clive. 1990. *The Historical Companion to House-Brewing*. Beverley: Montag Publications.

Laplace, Pierre-Simon, Marquis de. (1814) 1952. *Essai Philosophique sur les Probabilités*. Translated as *Philosophical Essay on Probabilities* by E. T. Bell, 1902. Reprint, New York: Dover Publications, Inc.

Laraudogoitia, Jon Pérez. 2011. Supertasks. In *The Stanford Encyclopedia of Philosophy*, Spring 2011 Edition. Edited by Edward N. Zalta. <https://plato.stanford.edu/archives/spr2011/entries/spacetime-supertasks/>

Lewis, David. (1973) 1986. Counterfactuals and Comparative Possibility. In Lewis 1986, 3-31.

———. (1980) 1986. A Subjectivist's Guide to Objective Chance. In Lewis 1986, 83-113.

———. 1986a. *Philosophical Papers*, Vol. 2. Oxford: Oxford University Press.

———. 1986b. Introduction. In Lewis 1986, ix-xvii.

———. 1994. Humean Supervenience Debugged. *Mind* 103(412): 473-90.

———. 1999. Why Conditionalize? In his *Papers in Metaphysics and Epistemology*, 403-7. Cambridge: Cambridge University Press.

Li, Ming and Paul Vitanyi. 1997. *An Introduction to Kolmogorov Complexity and Its Applications*. 2nd edn. Berlin: Springer.

Lindley, D. V. 1953. Review of *Stochastic Processes* by J. L. Doob. *Journal of the Royal Statistical Society. Series A* 116(4): 454-6.

Luce, R. Duncan and Howard Raiffa. (1957) 1989. *Games and Decisions: Introduction and Critical Survey*. Reprint, New York: Dover Publications, Inc.

Maher, Patrick. 2010. Explication of Inductive Probability. *Journal of Philosophical Logic* 39(6): 593-616.

Mana, Piero G. Luca. 2004. Consistency of the Shannon entropy in quantum experiments. *Physical Review A* 69.062108.

Maor, Eli. 1994. *e: The Story of a Number*. Princeton: Princeton University Press.

Marinoff, Louis. 1994. A Resolution of Bertrand's Paradox. *Philosophy of Science* 61(1): 1-24.

Martin-Löf, P. 1969. The Literature on von Mises' Kollektivs Revisited. *Theoria* 35(1): 12-37.

Mayo, Deborah G. 1996. *Error and the Growth of Experimental Knowledge*. Chicago: University of Chicago Press.

McCurdy, Christopher S. I. 1996. Humphreys' Paradox and the Interpretation of Inverse Conditional Propensities. *Synthese* 108(1): 105-25.

Mellor, D. H. 1971. *The Matter of Chance*. Cambridge: Cambridge University Press.

——. 2005. *Probability: A Philosophical Introduction*. London: Routledge.

Metzger, Bruce M. and Bart D. Ehrman. 2005. *The Text of the New Testament: Its Transmission, Corruption, and Restoration*. 4th edn. Oxford: Oxford University Press.

Mikkelson, Jeffrey M. 2004. Dissolving the Wine/Water Paradox. *British Journal for the Philosophy of Science* 55: 137-45.

Miller, David. 1994. *Critical Rationalism: A Restatement and Defence*. Chicago: Open Court.

Milne, Peter. 1983. A Note on Scale Invariance. *The British Journal for the Philosophy of Science* 34(1): 49-55.

——. 1986. Can There Be a Realist Single-case Interpretation of Probability? *Erkenntnis* 25: 129-32.

——. 1991. Annabelle and the Bookmaker. *Australasian Journal of Philosophy* 69(1): 98-102.

——. 1996. Log[P(h/eb)/P(h/b)] Is the One True Measure of Confirmation. *Philosophy of Science* 63(1): 21-6.

——. 1997. Bruno de Finetti and the Logic of Conditional Events. *British Journal for the Philosophy of Science* 48: 195-232.

——. 2003. Bayesianism v. Scientific Realism. *Analysis* 63(4): 281-8.

Neyman, Jerzy. 1952. *Lectures and Conferences on Mathematical Statistics and Probability*. 2nd edn. Washington: US Department of Agriculture.

NHTSA (National Highway Traffic Safety Administration). 2011. *Traffic Safety Facts 2009: A compilation of motor vehicle crash date from the FARS and the GES*, Early edition, DOT HS 811 402. Washington, DC: NHTSA. https://crashstats.nhtsa.dot.gov/Api/Public/ViewPublication/811402ee. Volume undated, date inferred from other government publications.

Niiniluoto, Ilkka. 2011. The Development of the Hintikka Program. In *Inductive Logic*, 311-56. Edited by Dov M. Gabbay, Stephan Hartmann, and John Woods. Vol. 10 of the *Handbook of the History and Philosophy of Logic*. North-Holland: Amsterdam. <http://www.stephanhartmann.org/HHL10_Niiniluoto.pdf>

Nolan, Daniel. 2005. *David Lewis*. Chesham: Acumen Publishing Ltd.

Paris, J. B. 1994. *The Uncertain Reasoner's Companion: A mathematical Per-*

308

spective. Cambridge: Cambridge University Press.

—— and A. Vencovská. 2001. Common Sense and Stochastic Independence. In *Foundations of Bayesianism*, 203-40. Edited by D. Corfield, and J. Williamson. Dordrecht: Kluwer.

—— ——. 2011. Symmetry's End? *Erkenntnis* 74: 53-67.

—— ——. 2012. Symmetry in Polyadic Inductive Logic. *Journal of Logic, Language and Information* 21: 189-216.

Pettigrew, Richard. 2012. Accuracy, Chance, and the Principal Principle. *Philosophical Review* 121(2): 241-75.

Popper, Karl R. 1959. The Propensity Interpretation of Probability. *The British Journal for the Philosophy of Science* 10(37): 25-42.

Quine, W. V. O. (1953) 1980. Two Dogmas of Empiricism. In *From a Logical Point of View*, 2nd edn., 20-46. Cambridge, MA: Harvard University Press.

——. 1960. *Word and Object*. Cambridge, MA: The Technology Press of the Massachusetts Institute of Technology.

——. 1969. *Ontological Relativity and Other Essays*. New York: Columbia University Press.

——. 1981. Reply to Paul A. Roth. In *Midwest Studies in Philosophy*, 459-61. Edited by P. A. French, T. E. Uehling, and A. K. Wettstein. Minneapolis: University of Minnesota Press.

——. 1990. *Quiddities: An Intermittently Philosophical Dictionary*. London: Penguin Books.

Ramsey, Frank Plumpton (1926) 1931. Truth and Probability. In *The Foundations of Mathematics and other Logical Essays*, 156-98. Edited by R. B. Braithwaite. London: Kegan, Paul, Trench, Trubner & Co.

——. (1927) 1978. Facts and Propositions. In *Foundations: Essays in Philosophy, Mathematics and Economics*, 40-57. Edited by D. H. Mellor. London: Routledge & Kegan Paul.

Redhead, Michael. 1980. A Bayesian Reconstruction of the Methodology of Scientific Research Programmes. *Studies in History and Philosophy of Science* 11: 341-7.

Reichenbach, Hans. 1949. *The Theory of Probability: An Inquiry into the Logical and Mathematical Foundations of the Calculus of Probability*. Translated by E. H. Hutten and M. Reichenbach. 2nd edn. Berkeley and Los Angeles: University of California Press.

Romeijn, Jan-Willem. 2005. Theory Change and Bayesian Statistical Inference.

Philosophy of Science 72: 1174-86.

Rosenberg, Alexander and Daniel W. McShea. 2008. *Philosophy of Biology: A Contemporary Introduction.* London: Routledge.

Rosenkrantz, Roger D. 1977. *Inference, Method and Decision: Towards a Bayesian Philosophy of Science.* Dordrecht: D. Reidel Publishing Co.

Savage, Leonard J. 1954. *The Foundations of Statistics.* 2nd edn. New York: Dover Publications, Inc.

———. 1971. Elicitation of Personal Probabilities and Expectations. *Journal of the American Statistical Association* 66(336): 783-801.

Schick, Frederic. 1986. Dutch Bookies and Money Pumps. *Journal of Philosophy* 83(2): 112-19.

Seidenfeld, Teddy. 1979. Why I Am Not an Objective Bayesian: Some Reflections Prompted by Rosenkrantz. *Theory and Decision* 11: 413-40.

Shafer, Glenn and Vladimir Vovk. 2001. *Probability and Finance: It's Only a Game!* New York: John Wiley & Sons.

Shannon, Claude. 1948. A Mathematical Theory of Communication. *Bell System Technical Journal* 27: 379-423, 623-56.

Shore, John E. and Rodney W. Johnson. 1980. Axiomatic Derivation of the Principle of Maximum Entropy and the Principle of Minimum Cross-Entropy. *IEEE Transactions on Information Theory* 26(1): 26-37.

Sklar, Lawrence. 1993. *Physics and Chance: Philosophical Issues in the Foundations of Statistical Mechanics.* Cambridge: Cambridge University Press.

Skyrms, Brian. 1986. *Choice and chance: an introduction to inductive logic.* 3rd edn. Belmont, CA: Wadsworth Publishing Co.

———. 2012. Review of Rational Decisions by Ken Binmore. *British Journal for the Philosophy of Science* 63(2): 449-53.

Smith, Cedric A. B. 1961. Consistency in Statistical Inference and Decision. *Journal of the Royal Statistical Society: Series B* 23(1): 1-37.

Sober, Elliott. 2000. *Philosophy of Biology.* 2nd edn. Boulder, CO: Westview Press.

———. 2008. *Evidence and Evolution: The Logic Behind the Science.* Cambridge: Cambridge University Press.

Strevens, Michael. 1999. Objective Probability as a Guide to the World. *Philosophical Studies* 95: 243-75.

———. 2001. The Bayesian Treatment of Auxiliary Hypotheses. *British Journal for the Philosophy of Science* 52: 515-38.

——. 2003. *Bigger Than Chaos: Understanding Complexity through Probability*. Cambridge, MA: Harvard University Press.

——. 2005a. The Bayesian Treatment of Auxiliary Hypotheses: Reply to Fitelson and Waterman. *British Journal for the Philosophy of Science* 56(4): 913-18.

——. 2005b. Probability and Chance. *Encyclopedia of Philosophy*. 2nd edn. Macmillan Reference USA. <http://www.strevens.org/research/simplexuality/Probability.pdf>

Teller, Paul. 1973. Conditionalization and Observation. *Synthese* 26(2): 218-58.

Thau, Michael. 1994. Undermining and Admissibility Source. *Mind* 103(412): 491-503.

Timpson, Christopher G. 2003. The Applicability of Shannon Information in Quantum Mechanics and Zeilinger's Foundational Principle. *Philosophy of Science* 70: 1233-44.

Turing, A. M. 1937. On Computable Numbers, with an Application to the Entscheidungsproblem. *Proceedings of the London Mathematical Society Series 2* 42: 230-65.

Uffink, Jos. 1990. *Measures of Uncertainty and the Uncertainty Principle*. PhD dissertation, Utrecht University. < http://www.phys.uu.nl/igg/jos/ >

——. 1996. Can the Maximum Entropy Principle Be Explained as a Consistency Requirement? *Studies in History and Philosophy of Modern Physics* 26(3): 223-61.

van Fraassen, Bas. 1980. *The Scientific Image*. Oxford: Oxford University Press.

——. 1984. Belief and the Will. *Journal of Philosophy* 81(5): 235-56.

——. 1989. *Laws and Symmetry*. Oxford: Oxford University Press.

van Lambalgen, Michiel. 1987a. Von Mises' Definition of Random Sequences Reconsidered. *Journal of Symbolic Logic* 52(3): 725-55.

——. 1987b. *Random Sequences*, PhD dissertation, University of Amsterdam. <http://staff.science.uva.nl/~michiell/docs/fFDiss.pdf>

——. 1996. Randomness and Foundations of Probability: Von Mises' Axiomatisation of Random Sequences. In *Probability, Statistics and Game Theory: Papers in Honor of David Blackwell*, Lecture Notes-Monograph Series, Vol. 30, 347-68. Edited by T. Ferguson, L. S. Shapley, and J. B. MacQueen. Hayward, CA: Institute for Mathematical Statistics.

Venn, John. 1876. *The Logic of Chance*. 2nd edn. London: MacMillan.

Verduin, Kees. 2009. Christiaan Huygens 'Under Construction'. < https://www.leidenuniv.nl/fsw/verduin/stathist/huygproj.htm>

Ville, Jean. (1939) 2005. A Counterexample to Richard von Mises's Theory of Collectives. Partial translation of *Étude Critique de la Notion de Collectif* by Glenn Shafer. < http://www.probabilityandfinance.com/misc/ville1939.pdf>

Vis, M. A. and A. L. Van Gent (eds). 2007. Road Safety Performance Indicators: Country Comparisons. Deliverable D3.7a of the EU FP6 Project SafetyNet. < http://erso.swov.nl/safetynet/fixed/WP3/sn_wp3_d3p7a_spi_country_comparisons.pdf >

von Mises, Richard. 1938. Quelques Remarques sur les Fondements du Calcul des Probabilités. In *Colloque Consacré a la Théorie des Probabilités*, part 2. *Actualites Scientifiques et Industrielles,* Vol. 737, 57-66. Paris: Hermann & Cie.

———. (1939) 1951. *Positivism.* Translated by J. Bernstein and R. G. Newton. New York: Dover Publications, Inc.

———. (1957) 1981. *Probability, Statistics and Truth,* 2nd English edn. Translated by J. Neyman, D. Scholl, and E. Rabinowitsch from the 3rd 1951 Germman edition. Edited by Hilda Geiringer. 1st German edn. 1928. Reprint, New York: Dover Publications, Inc.

———. 1964. *Mathematical Theory of Probability and Statistics.* Edited and complemented by Hilda Geiringer. New York: Academic Press.

—— and J. L. Doob. 1941. Discussion of Papers on Probability Theory. *Annals of Mathematical Statistics* 12(2): 215-17.

von Neumann, John and Oskar Morgenstern. 1944. *Theory of Games and Economic Behaviour.* Princeton: Princeton University Press.

Wald, Abraham. 1938. Die Widerspruchsfreiheit des Kollektivbegriffes. In *Colloque Consacré a la Théorie des Probabilités,* part 2. *Actualités Scientifiques et Industrielles,* Vol. 737, 79-99. Paris: Hermann & Cie

Weyl, Hermann. 1952. *Symmetry.* Princeton: Princeton University Press.

Wheeler, Graham. 1990. *Home Brewing: The CAMRA Guide.* St Albans: Alma Books Ltd.

Williamson, Jon. 2010. *In Defence of Objective Bayesianism.* Oxford: Oxford University Press.

Wright, Georg Hendrik von. 1993. Mach and Musil. In *The Tree of Knowledge and Other Essays,* 53-61. Leiden: Brill.

Zabell, Sandy L. (1989) 2005. The Rule of Succession. In Zabell 2005, 38-73.

———. (1998) 2005. Symmetry and Its Discontents. In Zabell 2005, 3-37.

———. 2005. *Symmetry and Its Discontents: Essays on the History of Inductive Probability.* Cambridge: Cambridge University Press

欧文索引

和文索引

【著　者】
ティモシー・チルダーズ（Timothy Childers）
チェコ共和国科学アカデミー会員。ロンドン・スクール・オブ・エコノ
ミクス Department of Philosophy, Logic and Scientific Method 後期博
士課程修了・博士（哲学）。

【監訳者】
宮部賢志（みやべ　けんし）
明治大学理工学部数学科准教授。京都大学大学院理学研究科博士後期課
程修了・博士（理学）。専門は計算論，ランダムネスの理論。共著に『新
しい微積分〈上・下〉』（講談社）。

【訳　者】
芦屋雄高（あしや　ゆたか）
編集者・翻訳家。早稲田大学卒業後，生物学系・医学系の専門書（翻訳含む）
の編集に携わる。退職後，フリーの編集者・翻訳家として活動中。

かくりつ　てつがく
確率と哲学

2020 年 1 月 30 日　第 1 刷発行

著　者　ティモシー・チルダーズ
監　訳　宮部　賢志
訳　者　芦屋　雄高
発行者　伊藤　武芳
発行所　株式会社　九夏社
　　　　〒 171-0021　東京都豊島区西池袋 4-6-13
　　　　TEL　03-5981-8144
　　　　FAX　03-5981-8204
印刷・製本：中央精版印刷株式会社
装丁：サトウヒロシ（ソルティフロッグ デザインスタジオ）
Japanese translation copyright ©2020 Kyukasha
ISBN 978-4-909240-03-3　Printed in Japan